U0167300

数据驱动与半数据驱动降雨—径流模型应用与研究

阚光远 著

中国水利水电出版社
www.waterpub.com.cn
·北京·

内 容 提 要

本书基于机器学习和人工智能方法，开展了数据驱动与半数据驱动模型在降雨径流模拟中的应用与研究。本书建立了基于偏互信息的输入变量选择方法、基于新型集成神经网络的出流量预测方法和基于 K 最近邻算法的出流量误差预测方法。将以上方法耦合，提出了新型数据驱动的 PBK 模型。此外，在分析总结前人成果的基础上，归纳出两个传统非实时校正数据驱动模型（PB_R 和 PB_DR 模型）。对半数据驱动模型 IHACRES 的汇流模块进行了改进。将新安江模型产流模块与 PBK 汇流模块耦合起来，建立了新型半数据驱动的 XPBK 模型。在三个典型研究流域将三个数据驱动模型（PB_R、PB_DR 和 PBK 模型）、三个半数据驱动模型（CLS、IHACRES 和 XPBK 模型）及一个概念性模型（新安江模型）进行了应用与检验。

本书适合水资源、水利水电工程等领域的管理、科研、技术人员参考，也适合高等院校相关专业的师生参考。

图书在版编目（CIP）数据

数据驱动与半数据驱动降雨—径流模型应用与研究 /
阚光远著. -- 北京：中国水利水电出版社，2023.11
ISBN 978-7-5226-1951-4

Ⅰ．①数… Ⅱ．①阚… Ⅲ．①降雨径流—水文模拟—研究 Ⅳ．①P333.1

中国国家版本馆CIP数据核字（2023）第228331号

书　　名	数据驱动与半数据驱动降雨—径流模型应用与研究 SHUJU QUDONG YU BANSHUJU QUDONG JIANGYU—JINGLIU MOXING YINGYONG YU YANJIU
作　　者	阚光远　著
出版发行	中国水利水电出版社 （北京市海淀区玉渊潭南路 1 号 D 座　100038） 网址：www.waterpub.com.cn E-mail：sales@mwr.gov.cn 电话：（010）68545888（营销中心）
经　　售	北京科水图书销售有限公司 电话：（010）68545874、63202643 全国各地新华书店和相关出版物销售网点
排　　版	中国水利水电出版社微机排版中心
印　　刷	天津嘉恒印务有限公司
规　　格	170mm×240mm　16 开本　8.75 印张　167 千字
版　　次	2023 年 11 月第 1 版　2023 年 11 月第 1 次印刷
印　　数	0001—1000 册
定　　价	68.00 元

前　言

FOREWORD

　　我国幅员辽阔，河流水系众多。由于受季风与自然地理条件的影响，汛期降雨在年内年际的变化十分剧烈，洪灾频繁发生。长江、黄河、珠江和海河等大江大河中下游居住着我国半数以上的人口，这些区域的地表高程多在江河洪水位之下，人民群众的安全依赖河堤保护，洪灾问题的严峻性、紧迫性在国际上亦不多见。近些年来，全球气候变化影响下我国洪涝灾害呈现多发频发的趋势，给国民经济和人民生命财产造成巨大损失。随着经济社会的发展，国家对洪水预报工作提出了更高的要求，做好洪水预报工作对保障经济社会快速稳定发展意义重大。降雨—径流模拟是洪水预报的关键环节，经济的发展和社会的进步使气候环境、下垫面条件等发生了剧烈变化，传统水文模拟技术面临新挑战，需要新型降雨—径流模型对传统预报方法进行补充和丰富。

　　概念性模型已被广泛应用于降雨—径流模拟中，其模型参数具有一定的物理意义，进行模拟时不需要实时信息，能够实现出流量的高精度连续模拟。近年来，随着人工智能技术的飞速发展，数据驱动模型也日益受到重视。数据驱动模型基于系统的输入输出数据直接建立降雨—径流关系，建模方法不依赖产汇流机制。但以往大多数文献中的数据驱动模型采用了单步外推的实时校正建模方式，这与概念性模型的模拟形式不尽相同，无法实现高精度连续模拟。数据驱动模型往往需要实时信息作为模型输入的一部分，只能进行单步外推预报或较低精度的多步外推预报，降低了洪水预报的预见期和精度。

　　半数据驱动模型是一类介于概念性模型和数据驱动模型之间的降

雨—径流模型。半数据驱动模型由概念性或经验性产流方案（如 P＋Pa 产流模型、经验产流公式）及数据驱动汇流方案（如单位线汇流模型）耦合而成。概念性或经验性产流方案的参数具有物理意义，能够反映流域特性；数据驱动汇流方案精度高，使用简便。将两类模型联合使用，优势互补，提升预报精度，降低模型使用难度，是研发耦合型模型的新方向。

从系统论角度来看，概念性模型、数据驱动模型和半数据驱动模型在本质上具有一定的相似性，均是通过一些带有参数的公式、方程等建立输入与输出间的映射关系（即降雨—径流关系）。但是，以往研究中的数据驱动模型多采用单步外推预报模式，没有实现概念性模型的非实时校正高精度连续模拟。因此，建立一种能够实现高精度非实时校正连续模拟的数据驱动模型作为概念性模型的丰富和补充具有重要意义。本书在系统归纳总结国内外现有降雨—径流模拟理论与方法的基础上，建立了新型数据驱动模型（基于偏互信息的输入变量选择、基于新型集成神经网络模型的出流量预测和基于 K 最近邻算法的出流量误差预测——PBK 模型），实现了高精度非实时校正连续模拟，并提出了模型率定方法。本书还将新安江模型产流模块与 PBK 汇流模块耦合起来，建立了新型半数据驱动模型——XPBK 模型及其率定方法。本书将 IHACRES 模型应用于次洪降雨—径流模拟中，并对汇流计算模块进行了改进，考虑了汇流过程的非线性，提高了模拟精度。本书在三个典型研究流域将三个数据驱动模型（PB＿R、PB＿DR 和 PBK 模型）、三个半数据驱动模型（CLS、IHACRES 和 XPBK 模型）及一个概念性模型（新安江模型）进行了应用比较和敏感性分析。通过深入研究，取得了以下创新：

（1）构建了新型集成神经网络模型——EBPNN 模型。将基于偏互信息的输入变量选择方法、EBPNN 模型和 K 最近邻算法相耦合，构建了新型非实时校正数据驱动模型——PBK 模型。PBK 模型与概念性模型在预报模式上取得了一致，能够进行多步外推预报，实现了高精度连续模拟。

（2）针对基于 EBPNN 模型的数据驱动模型，提出了基于 NSGA -Ⅱ

多目标优化算法和早停止 LM 算法的个体网络生成方法及基于 AIC 信息准则的个体网络权重生成方法。

（3）将新安江产流计算模块与 PBK 汇流计算模块耦合起来，构建了新型非实时校正半数据驱动模型——XPBK 模型。XPBK 模型兼具概念性模型和数据驱动模型的优势，达到了优势互补的目的。

本书相关成果在河海大学李致家教授和水利部水文司刘志雨正高联合指导下完成。本书得到国家重点研发计划"基于通讯大数据的灾害监测预警与灾情信息获取关键技术装备"（2023YFC3010704）、中国水科院"十四五"五大人才计划"基于水热平衡的缺径流资料区分布式洪水预报模型研究"（JZ0199A032021）、中国水科院专项"智慧化流域产汇流及洪水预报模型软件研发"（减基本科研费 9002231101）、光合基金"基于国产加速器芯片的地表二维水动力学模型并行加速研究"（ghfund202302018283）、国家自然科学基金重点项目"半湿润半干旱流域用于水文预报的新一代降雨—径流水文模型研究"及国家自然科学基金"洪水预报降雨—径流分布式水文模型中新一代流域汇流模型及尺度规律研究"的资助，在此诚表谢意。

由于作者水平有限，书中疏漏之处在所难免，敬请读者不吝指正。

作者

2023 年 9 月

目 录

CONTENTS

第1章 绪 论

1.1 研究目的和意义

我国幅员辽阔，河流水系众多，由于受季风与自然地理条件影响，汛期降雨在年内年际的变化十分剧烈，历史上洪灾频繁发生。长江、黄河、珠江和海河等大江大河中下游居住着我国半数以上的人口，地面高程多在江河洪水位之下，人类的安全依赖河堤保护，洪灾问题的严峻性、紧迫性在国际上亦不多见[1]。近些年来，全球气候变化影响下我国洪涝灾害频发，给国民经济和人民生命财产造成巨大损失。随着经济社会的发展，国家对洪水预报工作提出了更高的要求，做好洪水预报工作对保障经济社会快速稳定发展意义重大。短期洪水预报是防洪工作的关键手段，中期洪水预报对水库调度至关重要，预见期长于一个月的长期洪水预报对水资源管理和调控决策有一定参考价值，降雨—径流过程的监测和分析为流域管理和长远规划提供了决策依据。降雨—径流模拟是洪水预报的关键环节，经济的发展和社会的进步使得气候环境、下垫面条件等发生了剧烈变化，传统水文模拟技术面临新挑战，需要建立新型降雨—径流模拟模型。因此，研发新型降雨—径流模拟模型作为传统方法的辅助和补充具有科学意义和实用价值。

经过多年发展，降雨—径流模型日趋成熟。按照驱动机理，模型可以分为三类：概念性模型、数据驱动模型和半数据驱动模型。概念性模型对流域降雨—径流水文过程的物理机制进行概化，基于物质和能量守恒定律对降雨—径流关系建立方程进行数值模拟。常见的概念性模型有萨克拉门托模型、新安江模型[2-3] 和 HBV - 96 模型等。概念性降雨—径流模型可以模拟流域状态变量的变化过程[4]，通常具有 10 个或更多的模型参数、一些模型输入（如：蒸散发量、降雨量等）、一些流域状态变量（如：土壤湿度等）和模型输出（如出流量等）[5]。概念性模型的参数具有物理意义，部分模型参数可由气象资料、下垫面条件、DEM 等资料获取，其他模型参数则通过参数优化技术使模拟输出与实测输出差别最小化获得[6-7]。在次洪降雨—径流模拟中，对于每一场洪水，给定流域初始状态变量（如：初始土壤湿度等）和初始出流量，则可由降雨量和蒸散

1

发量序列连续模拟得到出流量和流域状态变量序列。这种建模方式称为非实时校正模式。非实时校正模式不需要实时信息，可以实现出流量的高精度连续模拟。以往研究证明，概念性模型的优势是可以实现高精度连续模拟，并且其产流计算模块具有物理意义，取得了很好的应用效果。大部分概念性模型的汇流计算模块基于线性方法且参数较为敏感。由于流域汇流过程具有较大的非线性，故这类处理方式还有进一步改进提升的空间。对概念性模型的汇流计算模块进行改进，充分考虑汇流过程的非线性以提高概念性模型的汇流计算精度、降低参数率定难度和人为因素的影响是提高概念性模型模拟精度的有效途径。

数据驱动模型因其简洁有效被广泛应用于降雨—径流模拟中，取得了很好的应用效果。数据驱动模型将水文系统视作黑箱子，不考虑系统内部的物理机制，直接根据输入输出样本建立映射关系[8]。常见的数据驱动模型有回归模型、时间序列模型、神经网络模型[9]、模糊逻辑模型[10-13]、最近邻算法[14] 和典型相关分析等。但是，基于数据驱动模型的降雨—径流模拟还存在一些问题。以往大多数基于数据驱动模型的降雨—径流模拟采用的都是实时校正模式，即用降雨量和实测前期流量（即需要预报时刻之前的实测出流量）作为模型输入对出流量进行模拟。实测前期流量是实时信息，故这种建模方式称为实时校正模式。该模式只能进行单步外推预报，预见期短，无法像概念性模型那样实现多步外推连续模拟。传统的基于数据驱动模型的非实时校正建模方式使用降雨量［或降雨量和预报前期流量（即需要预报时刻之前的预报出流量）］作为模型输入，能够实现多步外推连续模拟，但这种建模方式的模拟精度低于实时校正模式，且预报误差随着外推步数的增加而急剧上升。此外，数据驱动模型的降雨量最优输入向量通常是筛选自大量离散单时刻降雨量，但实际上，出流量往往与具有一定历时的累积降雨量密切关联，而非离散单时刻降雨量，这种处理方式导致降雨—径流关系模拟效果变差。

神经网络模型是数据驱动模型中应用最为广泛的一类模型，但它存在一些问题需要解决。神经网络模型的输入变量选择、模型构建方式、拓扑结构和网络参数优化、网络集成方法等对建立精度高、泛化能力强（即外推预报能力强）、计算效率高的高质量模型至关重要。输入变量的遗漏或冗余会降低模型的模拟能力和泛化能力，此外，还会影响模型的计算效率。模型构建方式也很重要，不同类型的神经网络模型有各自的适用范围，如果选择不当，则不能充分发挥各类神经网络模型的优势。神经网络模型拓扑结构和网络参数的优化决定了模拟结果和泛化能力的好坏，如何找到全局最优拓扑结构和网络参数是一个较为困难的问题。集成神经网络作为一种提高神经网络泛化能力的技术受到越来越多的关注，如何生成更好的个体网络，如何将个体网络的模拟结果恰当地集成起来，是构建高质量集成神经网络模型的关键点。如何使设计的网络既不过于复杂也不过于简单是神经网络模型设计中的一个难题。复杂的网络能够提升率定精度，但会降低泛化能力；过于简单的网络则难以取得满意的模拟效果，如何使用进化多目标优化算法来设计神经网络，在满足模拟精度的前提下，使设计的网络尽量简单也是一个热难点问题。

半数据驱动模型是一类介于概念性模型与数据驱动模型之间的水文模型。常见的半数据驱动模型有 CLS 模型、P＋Pa＋单位线经验预报方法和 IHACRES 模型等。半数据驱动模型由概念性或经验性产流方案（如 P＋Pa 产流模型、经验产流公式）及数据驱动汇流方法（如单位线汇流模型）组成。概念性或经验性产流方案具有物理意义，能够反应流域特性，数据驱动汇流方法精度高，使用简便。CLS 模型基于线性回归方法，但与一般的数据驱动模型不同，CLS 模型将量级不同的降雨分别输入到不同的线性回归模型来实现降雨—径流过程的模拟，并且加入了水量平衡和响应函数非负这两个约束条件，给数据驱动模型赋予了一定的物理约束。P＋Pa＋单位线预报方法是我国作业预报中广泛使用的一种流域产汇流预报经验方法，该法基于统计规律，同时考虑了一定的物理成因，应用效果良好，但不足之处是方案率定和使用受经验因素影响较大。IHA-CRES 模型与 P＋Pa＋单位线预报方法类似，但其产流计算使用的是经验产流公式，模型可以实现连续模拟，精度较高，使用优化方法进行模型率定，是半数据驱动模型中较为成功的模型。虽然各类半数据驱动模型被先后提出，但基于概念性模型和神经网络模型的半数据驱动模型还不多见，建立这类半数据驱动模型，进一步提升预报精度和可靠性，具有一定的实用价值。

以往研究中的数据驱动模型难以像概念性模型那样实现高精度非实时校正连续模拟。因此，建立一种能够实现高精度非实时校正连续模拟的数据驱动模型作为概念性模型的补充具有科学意义和实用价值。从系统论的角度来看，概念性模型、数据驱动模型和半数据驱动模型在本质上具有一定的相似性，均是通过一些具有参数的公式、方程等建立输入与输出间的映射关系（即降雨—径流关系），因此，概念性模型与数据驱动模型在理论和方法上存在耦合应用的可能性。为了提高概念性模型的汇流计算精度并降低模型的使用难度，建立新型半数据驱动模型达到在概念性模型和数据驱动模型之间取长补短、优势互补的效果，具有实用价值。本书在系统归纳总结国内外现有降雨—径流模拟理论与方法的基础上，建立了新型数据驱动模型（基于偏互信息的输入变量选择、基于新型集成神经网络模型的出流量预测和基于 K 最近邻算法的出流量误差预测——PBK 模型），实现了高精度非实时校正连续模拟，并提出了模型率定方法。本书还将新安江模型产流模块与 PBK 汇流模块耦合起来，建立了新型半数据驱动模型——XPBK 模型,并提出了模型率定方法。本书将 IHACRES 模型应用于次洪降雨—径流模拟中,并对汇流计算模块进行了改进,考虑了汇流过程的非线性,提高了模拟精度。本书在三个典型研究流域将三个数据驱动模型(PB_R、PB_DR 和 PBK 模型)、三个半数据驱动模型(CLS、IHACRES 和 XPBK 模型)及一个概念性模型(新安江模型)进行了应用比较和敏感性分析。研究成果可应用于降雨—径流模拟与预报,也可作为常用水文模拟方法(如:概念性模型、分布式模型等)的辅助和补充,为洪水预报、防洪规划决策、水资源评价与管理和流域规划设计等提供理论与技术支撑,具有重要的科学意义和实用价值。

1.2 国内外研究进展综述

1.2.1 概念性模型

概念性降雨—径流模型由具有物理机制的方程和经验公式组成,通过这些方程和公式描述降雨—径流过程[15-16]。降雨—径流过程模拟中涉及两个子过程的模拟:降雨—径流转换和河道演算,故概念性模型通常由两个模块组成:降雨—径流转换模块和河道演算模块[17]。

概念性模型被广泛应用于实时预报、短期、中期和长期降雨—径流模拟,如:1973 年研发的 Pitman 模型,已成为南非使用最广的月尺度降雨—径流模型[18]。概念性模型用于实时预报和短期洪水预报时,模型输入输出资料的时间步长通常介于 1 小时到 1 天之间。当概念性模型用于长时间尺度(如:周或月)预报时,通常有两种处理方法:一是将短时间尺度的预报结果集成为长时间尺度的预报结果;二是改变输入输出资料的时间步长来进行长时间尺度的降雨—径流模拟。例如:进行时间步长为 10 天或 1 个月的出流量预报时,输入资料的时间步长通常被转换为 10 天或 1 个月。除了改变输入输出资料的时间步长外,有时候模型结构也需要进行一些修正。例如,传统的新安江模型将总径流划分为三个成分:地面径流、壤中水径流和地下径流。当新安江模型用于月降雨—径流过程模拟时,只需要考虑两个径流成分,即快速响应径流(包括地表径流和壤中水径流)和慢速响应径流(地下径流)。相应的自由水蓄水库与壤中水径流和地下径流间的参数及壤中水径流对应的参数均可省略。

基于概念性模型的中长期预报需要使用大量历史和预报降雨资料作为模型输入,因此,中长期预报受中长期气象预报信息的影响很大。传统的集合径流预报(ESP)中,预报起始时刻之前的实测降雨和温度资料用于驱动水文模型,进行流域初始状态的估计。初始状态估计完成后,从历史降雨和温度资料中每隔一年抽取资料进行出流量的集合预报。加拿大的不列颠哥伦比亚水电组织的 Mica 项目使用一个半分布式概念性水文模型对哥伦比亚河 1—8 月的季节性入流进行预报[19]。使用实测气象资料驱动水文模型进行连续计算，对预报时刻之前的流域初始状态进行预估，之后使用历史降雨资料驱动水文模型进行未来季节性入流的预报。随着气象预报精度的提高，中长期气象预报资料在降雨—径流模拟中的应用越来越广。例如：多个欧洲国家联合研发了欧洲洪水预报系统（EFFS），该系统使用降尺度后的中尺度集合降雨预报资料［由欧洲中心中尺度气象预报（ECMWF）提供］驱动基于水量平衡的降雨—径流模型实现提前 1～10 天的出流量预报[20]。Wood 等将全球光谱模型（GSM）求解的月尺度集合气象预报资料降尺度为日资料。使用日资料驱动半分布式 VIC 模型实现长期预报。类似的，Tucci 等[21] 使用大气环流模型（GCM）获取季节性降雨预报资料，然后使用预报降雨资料驱动分布式水文模型进行提前五个月的径流预报。Yang 等将 HBV 模型与长期气象预报集成起来进行干旱期提前十天的径流预报。

　　在我国湿润流域应用最广泛的概念性模型是赵人俊教授构建的新安江模型，该模型自研制以来就得到了广大学者与水文工作者的认同[22]。Gan 等曾将新安江模型与 Sacramento、Pitman、NAM 以及 SMAR 模型进行了应用比较，结果表明在不同的流域，即使是干旱流域，新安江模型都能取得较其他几个模型更高的降雨—径流模拟精度。新安江模型是在大量的数据统计分析中寻找出的降雨—径流相关关系的基础上建立起来的，这种关系也是水文过程中存在的客观物理规律，具有一定的物理机制。所以，新安江模型可靠性和精度较高，可以作为其他模型预报结果的标准。新安江模型的汇流计算模块基于线性方法，参数较为敏感，调试结果受人为因素影响较大，有一定的改进空间。

1.2.2　数据驱动模型

　　数据驱动模型的优势在于以数学方法模拟任意复杂度的输入输出关系，由于建模过程和预报过程存在相似性，故这类模型的适应性强、应用范围广。此外，对数据驱动模型的结构和参数进行分析能够加深对系统的动态特性的了解。科学技术的发展也推动了数据驱动模型的应用。一方面，近年来，随着现代测量技术的发展，能够获得的资料和信息越来越多，同时，随着计算机技术的发展，计算能力也越来越强大；另一方面，对各流域自身独特的产汇流机制的了解还不够精确和深刻，因此，数据驱动水文建模技术在过去十几年变得越来越流行[23]。

1.2.2.1　回归模型

　　回归分析（包括简单回归和多元回归）是降雨—径流模拟中最为古老和常

用的方法之一，这类模型的优势是较为简单、易于实现。早期的回归方法使用的是图解法。在这之后，统计技术被引入回归方法，如：主成分分析、多元回归和非参数回归等。许多学者对用于降雨—径流模拟的回归模型进行了很多改进，提出了如线性扰动模型（LPM）等改进的模型。指数变量法和蓄量法也属于回归模型的改进版。以往大量文献报道了回归方法的应用，Tangborn 和 Rasmussen 建议流域蓄水量 S_t 与流域降雨呈线性关系，依照这种线性关系对预报时刻之前的初始流域蓄水量进行估计。开展洪水预报时，假定时刻 t 的预报出流量与 S_t 呈线性关系。20 世纪 80 年代，开罗大学与麻省理工学院在开展水资源管理与规划项目时提出了多变量逐步线性回归模型，使用该模型对阿斯旺水库进行月径流预报。不列颠哥伦比亚水力发电厂利用包含融雪、降雨和温度信息的多元线性回归方法实现季节性入流预报[24]。回归方法至今仍在很多应用中发挥着重要作用，加拿大亚伯达东南部两个流域的潜在融雪径流预报方案就是基于回归方法[25] 建立的。Huo 等[26] 使用考虑前期降雨和径流的回归模型对黄河三门峡水库非汛期入流进行预报。

回归分析中的相关变量通常包括局地因素（如上游水文站出流量、降雨量、温度和流域积雪量）和一些地球物理学变量（如地温、海面温度和大气环流指数）。回归方法应用中需要确定以下几条关键点：①哪些因素与径流过程具有显著的相关性；②在什么时间尺度下最优因素与出流过程具有最显著的相关性；③出流过程与预报因子之间的滞时是多少。

实时、中短期预报的出流量与局地因素和流域初始状态密切相关，长期预报的出流量通常与地球物理学变量相关。大尺度预报的主要影响因素是洋面温度（Sea Surface Temperature，SST）和厄尔尼诺南方涛动（ElNiño - Southern Oscillation，ENSO）事件。许多学者对出流过程与 SST 和 ENSO 事件间的关联性进行了详细研究[27-30]。Eltahaia[31] 发现尼罗河年径流量 25％以内的改变量与太平洋某些地区的 SST 密切相关。Piechota 等[32] 发现在西北太平洋地区，厄尔尼诺与径流量间存在一个显著的滞后关系，他们利用这种滞后关系将哥伦比亚河流域春夏季径流预报的预见期从 1～3 个月拓展为 3～7 个月。Hamlet 和 Lettenmaier[33] 将厄尔尼诺、太平洋年代际振荡（PDO）气候信号与拓展的径流预报方法耦合起来，进行长期径流预报。Dettinger[34-36] 等依据厄尔尼诺和拉尼娜事件对美国进行长期径流预报。Whitaker 等研究发现，恒河年径流量自然改变量与 ENSO 指数间存在显著关联性，提出了统计模型，该模型将这些相关因素整合起来，对恒河年径流进行预见期为一年的预报。Eldaw 等[37] 发现，在部分太平洋地区，使用 SST 对蓝色尼罗河径流进行预见期为一年的长期预报是可行的。他们用多元线性回归模型和主成分分析对蓝色尼罗河径流量进行预报，选择 SST 和几内亚的前期雨量作为相关因子。中国学者对 STT/ENSO 事件与黄河上游长期径流量间的关联性进行了研究。例如：Peng 等[38] 发现黄河上游年径流量与 ENSO 事件有良好的关联性，他们将海洋地区的 SST 作为预报因子并通过回归模型进行年径流预报。Wang 等[39] 发现黄河河源地区的降雨量和上游径流量与 ENSO 事件有关联性。

除了 SST 和 ENSO 事件的影响，其他地球物理因素与长期径流序列间也存在关联性。Tang 提出黄河流域年径流与地震有紧密关联性。Cai 和 Wang[40] 发现黄河河源年径流与地温空间分布间存在良好的关联性。Li 等[41] 使用回归模型对下一年水库月入流量进行预报，使用的预报相关因子是前期气象和海洋相关变量。Tomasino 等[42] 将太阳活动和大气环流指数耦合起来进行季节出流量的预报。

大部分径流预报应用中使用的是线性回归模型，为了提高模拟能力，可以使用非线性回归模型。一种较为广泛使用的非线性回归模型是阈值回归（TR）模型，该模型根据多个阈值将资料分为多组，每组分别用单独的回归模型模拟。由 TR 模型衍生出一种称为模型树（model tree）的模型，这种模型以分层分别构建回归模型的方式进行建模，该模型目前已被广泛应用于降雨—径流预报[43-44]。

1.2.2.2　时间序列模型

时间序列分析在水文研究中应用广泛，该模型常用于生成人工水文序列、进行洪水预报、分析水文资料中的趋势和变化、插补缺失的资料。用于径流预报的时间序列模型多种多样，可根据时间序列的个数粗略分为两类：单变量模型和附加其他变量的模型。

最流行的单变量模型是 ARMA（自回归滑动平均）模型及其改进模型，改进模型包括 ARMA、AR、ARIMA（自回归集成滑动平均）、SARIMA（季节性 ARIMA）、PARMA（周期性 ARMA）、TAR（阈值 AR）和 ARFIMA（部分集成 ARMA）模型等。AR 模型常用于年径流预报，Lu 等[45] 使用 AR（3）模型对中国丹江口水库年径流进行预报。由于 ARMA 模型基于序列是稳定的这一假设，然而时间间隔小于一年的水文时间序列（如：月径流时间序列）通常存在较大的季节性，因此 ARMA 模型不适于直接应用于这类水文时间序列的模拟。作为替代，三种模型可用于这类时间序列的模拟：季节性 ARIMA（SARI-MA）模型、去除季节性影响的 ARMA 模型和周期性 ARMA（PARMA）模型（包括 PAR 模型）。这三种模型被广泛应用于月或季度径流预报[46-48]，有时用于日（或更短的时间步长）径流预报（通常作为多模型对比中的标准模型）[49-50]。时间序列预报的特点是随着预见期的增长预报结果趋向于长期径流量的均值。Bender 和 Simonovic 建议，通常情况下，SARIMA 模型适用于上游小蓄量和高变差的自然入流，去除季节性影响的 ARMA 模型适用于上游大蓄量、低变差和降雨响应滞时较大的天然入流系统。近些年来，长记忆滞时径流过程预报受到越来越多的关注。长记忆滞时的随机径流过程可由 ARFIMA（自回归部分集成滑动平均）模型描述。Montanari 等[51] 使用 ARFIMA 模型模拟阿斯旺的尼罗河月径流。Ooms 和 Franses[52] 根据 PARMA 模型发展了一种周期性 ARFIMA 模型，对月径流进行模拟。

当考虑附加变量时，就引入了 ARMAX 模型或转换函数噪声（TFN）模型。Thompstone 等比较了去除季节影响的 ARMA 模型、PAR 模型、TFN 模型和一个概念性模型，发现 TFN 模型表现最优。Awadallahl 和 Rousselle[53] 将洋面温度作为 TFN 模型的附加输入变量对尼罗河夏季径流进行预报。由于考虑附加输入时引入了更多的信息对预报进行辅助，通常情况下 TFN 模型比其他单变量 ARIMA 模型能取得更好的预报结果。TFN 模型的一个特例是介入模型，介入模型可以对附加因素的扰动进行建模。Kuo 和 Sun[54] 建立了一种介入模型，考虑到了台风的影响，基于 AR（1）模型对台湾 Danshui 河 10 天平均出流量进行模拟和预报。

上文提到的模型大多为线性模型，由于径流过程（尤其是日径流过程）通常是非线性的，因此需要采用非线性预报模型。一种常用的非线性时间序列模型是阈值自回归（TAR）模型。Astatkie 等[55] 提出一种嵌套阈值自回归（Ne-TAR）模型用于日径流过程模拟。PARMA 和 PAR 模型可认为是一种特殊的 TAR 模型，它们使用季节作为阈值而不是使用其他观测值作为阈值。

1.2.2.3   人工神经网络模型

人工神经网络（ANN）模型是一种结构灵活的数据驱动方法。ANN 模型可辨识出输入输出数据集间复杂的非线性关系，而不需要知晓任何物理机制。过去十几年来，ANN 模型在水文预报领域日益流行起来[56-57]。径流预报的早期应用是 Kang 等使用 ANN 和自回归滑动平均模型对韩国 Pyung Chang 河日和小时径流进行的预测。这一初步探索性研究发现 ANN 是一种有效的径流预报工具。之后的许多研究证实了在径流预报中，ANN 模型优于或等同于传统的统计方法和概念性方法[58-61]。

近年来流行的 ANN 是多层感知器（MLP）模型，该模型由反向传播算法优化。Hsu 等使用 ANN 模型进行日径流预报。Markus[62] 使用 MLP ANN 模型在多条河流进行月径流预报，并将 ANN 模型的预报结果与其他模型进行比较。Jain[63] 使用 MLP ANN 模型进行月径流预报。Zealand 等使用 MLP ANN 模型进行预见期为 1～4 周的径流预报。Sajikumar 和 Thandaveswara[64] 使用了一种特殊的 MLP ANN 模型，该模型命名为瞬时反向传播神经网络，他们使用这种模型进行月降雨—径流模拟。Birikundavyi 等对基于 ANN 模型的预见期为 7 天的日径流预报进行研究，发现预见期在 5 天以内时 ANN 模型比概念性降雨—径流模型表现更优。Tawfik[65] 使用 ANN 模型对尼罗河向阿斯旺水库在 7—9 月的入流进行预报。Kisi[66] 使用 MLP ANN 模型进行月径流预报。

其他类型的 ANN 也被用于径流预报，但不如反向传播神经网络模型应用广泛。径向基函数（RBF）模型被许多学者用于径流预报[67-68]。Chang 和 Chen[69] 使用反向传播模糊神经网络进行预见期为 1 小时的径流预报，该模型是神经网络和模糊算法的耦合。Ballini 等[70] 使用模糊神经网络进行季节性径流预报。Moradkhani 等[71] 对自组织径向基（SORB）函数在提前一个步长的日径流预报中应用的可能性进行了探索。

为了对径流过程的非线性特性取得更好的模拟效果，模式神经网络（MNN）、混合神经网络和阈值（或称为区间分割）神经网络被用于径流预报中[72]。Zhang 和 Govindaraju 在三个中型流域使用 MNN 进行月径流模拟，检验应用效果。Hu 等使用区间分割 ANN 进行年和日径流预报。

ANN 模型应用中存在的最大问题是训练阶段样本资料是有限的，这可能会导致模型对不同范围的样本学习不够充分，因此降低了模型在检验期的预报能力。为了克服这一不足，Cigizoglu[73] 建议使用 ARMA 模型生成合成径流资料，并将这些资料添加到 ANN 模型的训练集中。应用结果表明这种方法能够提高月平均径流量预报的精度。Imrie 等[74] 提出了应用神经网络解决一般性问题的指导框架。

1.2.2.4　模糊逻辑

自从 Zadeh 拓展了经典集合理论并提出模糊集合理论后，模糊逻辑在许多领域获得了成功应用。模糊逻辑认为成因和结果（变量和输出）间的关系是模糊的。在模糊逻辑技术中，模糊变量用来组织知识，这些知识在语法上表达为规范化的分析。例如："大流量""平均流量"和"小流量"成为了变量。模糊逻辑方法已被应用于实时洪水预报[75] 和中长期径流预报。通过应用模糊逻辑，Mahabir 等建立了模糊专家模型，进行春季径流预报。结果表明模糊专家系统的春季径流预报比回归模型的结果更加可靠，尤其是具有更高的低水和年平均径流预报精度。

模糊逻辑技术可以与概念性模型或其他数据驱动模型（如：神经网络模型）进行耦合应用。Mizumura 研究发现概念性 Tank 模型与模糊逻辑模型的耦合模型能够获得更好的融雪径流预报结果。模糊逻辑技术与神经网络模型的耦合有两种方式，其一是建立一种基于模糊规则的混合 ANN 模型，其二是建立一种更加紧密集成的神经模糊系统（ANFIS）模型[76]。

1.2.2.5　最近邻方法

最近邻方法（NNM）是一种局部逼近方法，该方法将一个复杂系统划分为许多子集，每个子集由具有相似模式状态的多维点据组成，使用非参数或参数模型依照这些点据（即最近邻）进行局部逼近。NNM 起源于模式识别。由于NNM 具有很好的非线性逼近能力，因此 NNM 已被许多学者作为混沌时间序列预报的标准方法。Karlsson 首次将该方法应用于降雨—径流预报，之后是 Yakowitz 和 Karlsoon 进行了应用。此后，许多学者将 NNM 应用于单变量径流预报[77-78]和多变量径流预报。Yakowitz 和 Karlsson 比较了 NNM、ARMAX 模型和萨克拉门托模型预见期为 1 天的径流预报结果。他们发现尽管 NNM 和 AR-MAX 模型的预报结果好于萨克拉门托模型，但 NNM 和 ARMAX 模型的预报结果相差不大。但是，目前许多其他研究结果表明 NNM 比 ARMA 类模型[79-80]、线性回归和线性扰动模型[81] 的径流预报结果要好。Novara 和 Milanese[82] 提出了一种新型的类似于 NNM 的预报方法——非线性集合关系（NSM）。Milanese 和 Novara[83] 将该方法应用于单变量日径流预报，结果表明 NSM 比神经网络模型更优。

1.2.2.6　典型相关分析

典型相关分析（CCA）用于衡量两个多维变量间的线性相关性。CCA 问题定义为搜索两个由基向量组成的集合，使得变量到这些基向量的映射的相关性达到相互间的最大值。CCA 在气候学和气象学十分流行，常用来进行降雨和气温的统计预报等。Uvo 和 Graham[84] 建立了典型相关分析模型，根据太平洋和大西洋洋面温度对南美西北地区的 12 个站点进行提前一个季节的季节性出流预报。

1.2.2.7　数据驱动模型研究进展小结

数据驱动模型中的神经网络模型和最近邻模型具有强大的非线性模拟能力，应用效果很好。但神经网络模型在应用上还存在一些问题需要解决，神经网络模型的输入变量选择、模型构建方式、拓扑结构和网络参数优化、网络集成方法等对建立精度高、泛化能力强（即外推预报能力强）、计算效率高的高质量模型至关重要。输入变量的遗漏或冗余会降低模型的模拟能力和泛化能力，此外，还会影响模型的计算效率。模型构建方式也很重要，不同类型的神经网络模型有各自的适用范围，如果选择不当，则不能充分发挥各类神经网络模型的优势。神经网络模型拓扑结构和网络参数的优化决定了模拟结果和泛化能力的好坏，如何找到全局最优拓扑结构和网络参数是一个较为困难的问题。集成神经网络作为一种提高神经网络泛化能力的技术受到越来越多的关注，如何生成更好的个体网络，如何将个体网络的模拟结果恰当地集成起来，是构建高质量集成神经网络模型的关键点。如何使设计的网络既不过于复杂也不过于简单是神经网络模型设计中的一个难题。复杂的网络能够满足率定精度，但会降低泛化能力，过于简单的网络难以取得满意的模拟效果，如何使用进化多目标优化算法来设计神经网络，在满足模拟精度的前提下，使设计的网络尽量简单也是一个热难点问题。

1.2.3　半数据驱动模型

半数据驱动模型是一类介于概念性模型与数据驱动模型之间的水文模型。半数据驱动模型由概念性或经验性产流方案（如 P＋Pa 产流模型、经验产流公式）及数据驱动汇流方案（如单位线汇流模型）组成。概念性或经验性产流方案具有物理意义，能够反应流域特性，数据驱动汇流方案精度高，使用简便。常见的半数据驱动模型有 CLS 模型、P＋Pa＋单位线预报方法和 IHACRES 模型等。

1.2.3.1　CLS 模型

Todini 于 1973 年提出了约束线性系统（CLS）模型。CLS 模型在线性回归模型的基础上引入了降雨量阈值（"门槛"）的概念，将量级不同的降雨分别输入到不同的线性回归模型来实现降雨—径流过程的模拟。此外，CLS 模型在两个约束条件下识别系统响应函数，在响应函数离线识别算法中尝试采用有约束条件的最优化方法。Todini 以水量平衡（净雨转换为径流时总水量不变）和响应函数纵坐标非负这两个约束条件来限制解向量。这是试图使响应函数在物理意义上靠近谢尔曼单位线的一种努力。但是，引入两个约束条件只避免了单位线出现负值，不能避免单位线纵坐标在正值区间内振荡，仍不能达到替代谢尔曼单位线分析的效果。葛守西经过研究，建议在水量平衡、响应函数纵坐标非负之外再增加一组"无振荡"约束条件——方柯（Fiacco）的松弛无约束极小化方法（一种外部惩罚函数法），并完成了其收敛条件的理论证明，实现了无振荡响应函数的优化。CLS 模型不同于一般的线性回归模型，它根据降雨量级进行分类模拟并加入了两到三个约束条件，具有一定的物理意义，属于半数据驱动模型。

1.2.3.2　P＋Pa＋单位线预报方法

我国作业预报中最为常用的降雨—径流预报方法为 P＋Pa＋单位线预报方法，该方法由 P＋Pa 产流模型和单位线汇流模型组成。P＋Pa 产流模型又称 API（前期雨量指数）产流模型，API 是用于流域产流预报的一种传统方法，1949 年，Linsley 在《应用水文学》一书中作了详细介绍。最初，由于方法主要针对独立的场次洪水产流量计算，故后称其为次洪 API 模型（配合单位线汇流模型预报汇流）。1969 年，美国天气局 Sitnner 等在"API 型水文模型综合连续过程线法"一文中，将 API 方法与单位线法结合，发展成为一个完整的模拟降雨—径流过程的流域模型，后称为连续的 API 流域模型。经数十年洪水预报实践证明，API 模型具有使用简便、精度可靠和便于与专家经验结合进行校正等优点。但是，API 模型使用的困难在于参数率定采用人工方法，工作量巨大，而且细节处理难于规范。20 世纪 80 年代以后，国内外开始研究 API 模型的自动化建模技术，但均感棘手。API 模型是从经验性的处理方法发展起来的，离开了人的经验处理，实现自动化参数率定的难度远超其他水文模型。

1.2.3.3 IHACRES 模型

自 Jakeman 等于 1990 年提出 IHACRES（Identification of unit hydrographs and component flows from Rainfall，evapotranspiration and streamflow data）模型以来，该模型已在水文领域得到了广泛的应用[85]。IHACRES 模型是一个以概念性产流和单位线汇流为基础的集总式降雨—径流模型。模型由两个基本模块串联而成，非线性模块将降雨转化为有效降雨，线性模块将有效降雨转化为径流。有效降雨是指最终以径流形式流出流域的降雨，所有的水量损失都发生在非线性模块。线性模块由两个并联（或串联）水库（分别代表快速径流和慢速径流）构成，有效降雨通过这两个水库产生径流，研究表明这样的模型结构是合理的[86]。IHACRES 模型成功地将概念性产流模型与数据驱动汇流模型耦合在一起，具有较高的模拟精度，易于通过优化方法率定，模型参数具有一定的物理意义，模型参数与流域气候和下垫面条件能够建立一定的关系，可以应用于无资料地区，是一个较为成功的半数据驱动模型。

1.2.3.4 半数据驱动模型研究进展小结

半数据驱动模型是一种较为成功的耦合型降雨—径流模型，集成了概念性模型和数据驱动模型各自的优势，达到了取长补短的目的。一些优秀的半数据驱动模型（如：IHACRES 模型）可以在模型参数和流域遥感资料间建立一定的关系，使得这类模型能够应用于无资料地区，拓展了模型的使用范围。因此，对半数据驱动模型进行深入研究和改进具有积极意义。

1.2.4 基于数据驱动模型的降雨—径流模拟

神经网络模型是数据驱动模型中应用效果非常好的一类模型，近年来，已被广泛应用于次洪降雨—径流模拟中[87-94]。以往文献中基于神经网络模型的次洪降雨—径流模拟主要有两种建模方式：一种是需要实时信息的实时校正模式；另一种是不需要实时信息的连续模拟模式，称为非实时校正模式。实时校正模

式通常使用 t 时刻及 t 时刻之前的降雨量、$t-1$ 时刻及 $t-1$ 时刻之前的实测出流量（即实测前期流量）作为神经网络模型的输入，对 t 时刻的出流量进行预报。实测前期流量是一种实时信息，这种建模方式实质上是对出流量的改变量进行预测，不能预测出流量的绝对量值。此外，实时校正模式仅能进行提前一个计算时段长的预报，预见期仅为一个计算时段长。非实时校正模式通常仅使用 t 时刻及 t 时刻之前的降雨量，对 t 时刻的出流量进行预报。非实时校正建模方式实现的预报功能与概念性模型较为相似，能够由未来降雨序列连续模拟得到出流量过程，预见期比实时校正模式长。

以往大多数基于神经网络模型的次洪降雨—径流模拟采用了实时校正模式[95-108]。一些学者将仅使用降雨量作为输入的非实时校正模式与同时使用降雨量和实测前期流量的实时校正模式的模拟结果进行了比较[109]，比较结果表明实时校正模式的模拟效果远好于非实时校正模式，仅使用降雨量作为输入无法良好地模拟出流量过程。尽管其他非实时信息（如温度[110]、蒸散发量[111] 和土壤湿度[112] 等）的引入有助于提高非实时校正模式的模拟精度，但通常情况下这些资料难以获得[113]。为什么非实时校正模式的模拟精度低于实时校正模式呢？Mins、Hall 和 Campolo 等[114] 研究发现，仅仅依靠降雨量信息是难以准确计算出流量的，因为土壤湿度在降雨—径流过程中也起到非常重要的作用。然而非实时校正模式通常不进行土壤湿度的连续模拟，故模拟精度较低。此外，非实时校正模式的输入中不包括实测前期流量，这就无法反映退水过程。通过观察非实时校正模式的模拟结果，我们发现雨期出流量过程线模拟效果较好，而无雨期的模拟结果往往较差。非实时校正模式的模型输入是降雨过程，雨期降雨与出流量间具有较高的关联性，故能取得较好的模拟效果，但无雨期的降雨为零，模型输入为一个零值的时间序列，该序列与出流量间没有什么关联性，故模拟结果较差。实际上，无雨期出流量过程主要受退水规律支配，通常用退水曲线和退水方程来描述这一过程，即 t 时刻出流量与 $t-1$ 时刻出流量密切相关。由于非实时校正模式的输入中不包含实测前期流量信息，故模拟精度不高，实时校正模式的输入中包含实测前期流量，实测前期流量在一定程度上反映了土壤湿度、退水过程和出流量间的关联性，故模拟精度较高。

综上所述，基于数据驱动模型的降雨—径流模拟存在的问题总结如下：实时校正模式能够取得较高的精度，但不能实现连续模拟，只能进行提前一个计算时段长的预报，即只能进行一步外推预报，预见期短。非实时校正模式可以实现连续模拟，但模拟精度低于实时校正模式。基于数据驱动模型实现高精度非实时校正连续模拟，意义重大，也是实现概念性模型和数据驱动模型耦合的一个必要条件。此外，以往研究中的降雨量输入是由 P_t, P_{t-1}, ..., P_{t-n_p+1} （其中，P 表示降雨，n_P 表示降雨阶数）中筛选出的，筛选出的雨量往往是离散的单时刻雨量值，而与出流量相关联的往往是累积降雨量，筛选出的离散的单时刻雨量值包含的信息不足以充分反映降雨—径流间的映射关系，如何构建一种能充分反映降雨—径流间的映射关系的降雨量输入筛选方法也是一个关键问题。

1.3 本书的研究内容与技术路线

本书对基于概念性模型、数据驱动模型和半数据驱动模型的次洪降雨—径流模拟技术进行了分析研究，以提高非实时校正降雨—径流模拟精度为目的，建立了新型数据驱动模型（PBK 模型）和新型半数据驱动模型（XPBK 模型），将半数据驱动模型 IHACRES 模型在国内典型流域进行了次洪时间尺度的应用，并改进了 IHACRES 模型的汇流计算模块。本文在三个典型研究流域将三个数据驱动模型（PB_R、PB_DR 和 PBK 模型）、三个半数据驱动模型（CLS、IHACRES 和 XPBK 模型）及一个概念性模型（新安江模型）进行了应用比较和敏感性分析。技术路线图见图 1.1。主要研究内容如下：

（1）建立新型数据驱动模型。

1）提出了基于滑窗累积雨量的降雨量候选输入向量及输入变量的分离式选择策略，并与基于偏互信息的输入变量选择方法联合使用，确保了输入信息的充足性和无冗余性，为建立精度高、泛化能力强的高质量数据驱动模型奠定了输入基础。

2）提出了新型集成神经网络模型——EBPNN 模型及其率定方法。通过 NSGA-Ⅱ多目标优化算法和早停止 Levenberg-Marquardt 算法确定全局最优的个体网络个数、个体网络拓扑结构和网络参数。个体网络权重由基于 AIC 信息准则的权重确定方法求得。EBPNN 模型在模拟精度和网络复杂度间取得了良好折衷，精度高、泛化能力强、率定结果客观、受人为因素影响小。

3）在分析总结以往文献的基础上，归纳出两个传统非实时校正数据驱动模型（PB_R 和 PB_DR 模型）。基于新型输入变量选择方法、EBPNN 模型和 K 最近邻算法，构建了新型非实时校正降雨—径流模拟模型——PBK 模型，提出了 PBK 模型的率定方法。PBK 模型与概念性模型类似，不需要实时信息（如：预报时刻之前的实测出流量），能够进行多步外推预报，实现了非实时校正模式下的高精度连续模拟，增长了数据驱动模型的预见期。此外，PBK 模型不需要进行流域状态变量（如：土壤湿度等）的计算，仅需初始出流量就可进行出流量的连续模拟。敏感性分析结果表明，PBK 模型对初始出流量不敏感，减小了初始出流量估计不当造成的不确定性。

图 1.1　技术路线图

（2）改进现有的半数据驱动模型并建立新型半数据驱动模型。在国内将 IHACRES 模型应用于计算时段长为 1h 的次洪降雨—径流模拟中，并对模型汇流计算模块进行了改进，提出了 λ 单位线法划分快速流和慢速流比例系数的方法，提高了汇流模拟精度。将新安江产流计算模块与 PBK 汇流计算模块耦合起来，构建了新型非实时校正半数据驱动模型——XPBK 模型，提出了模型率定方法。XPBK 模型具有概念性模型和数据驱动模型的优势，达到了优势互补的目的。

（3）模型率定方法的研究。对三个数据驱动模型（PB_R、PB_DR 和 PBK 模型）、三个半数据驱动模型（CLS、IHACRES 和 XPBK 模型）及一个概念性模型（新安江模型）的率定方法进行了研究，提出了各模型的全局自动率定方法，将率定中人为因素的影响大大降低。

（4）各模型应用、比较与敏感性分析。在三个典型研究流域将三个数据驱动模型（PB_R、PB_DR 和 PBK 模型）、三个半数据驱动模型（CLS、IHACRES 和 XPBK 模型）及一个概念性模型（新安江模型）进行了应用比较和敏感性分析。研究发现 PBK 模型实现了高精度连续模拟，能够取得和其他非实时校正模型类似的模拟效果。但 PBK 模型结构较为复杂，计算量较大，未来可以开展进一步的改进。XPBK 模型取得了良好的应用效果，说明研发的新型半数据驱动模型达到了优势互补的目的。

第2章 数据驱动模型

2.1 概述

近年来，数据驱动模型日益受到重视，数据驱动模型根据输入输出数据直接建立降雨—径流关系，不需要建模人员对产汇流机制有任何了解。以往大部分文献中的数据驱动模型的建模方式与概念性模型不同，不能实现高精度连续模拟，数据驱动模型往往需要实时信息作为模型输入的一部分，只能进行单步外推，预见期很短。从系统论的角度来看，概念性模型与数据驱动模型在本质上具有一定的相似性，均是通过一些带有参数的公式、方程等建立输入与输出间的映射关系（即降雨—径流关系），这说明概念性模型与数据驱动模型存在耦合应用的可能，但以往研究中的数据驱动模型难以像概念性模型那样实现高精度非实时校正连续模拟，这给两者的耦合应用带来了困难。因此，建立一种能够实现高精度非实时校正连续模拟的数据驱动模型作为概念性模型的补充十分必要。

为了使数据驱动模型能够实现降雨—径流过程的高精度连续模拟，本章在系统归纳总结国内外现有降雨—径流模拟理论与方法的基础上提出了新型数据驱动模型（基于偏互信息的输入变量选择、基于新型集成神经网络模型的出流量预测和基于 K 最近邻算法的出流量误差预测——PBK 模型）。PBK 模型具有以下创新点：

（1）提出了基于滑窗累积雨量的降雨量候选输入向量及输入变量的分离式选择策略，并与基于偏互信息的输入变量选择方法联合使用，确保了输入信息的充足性和无冗余性，对建立精度高、泛化能力强的高质量数据驱动模型意义重大。

（2）提出了新型集成神经网络模型——EBPNN 模型，EBPNN 模型在模拟精度和网络复杂度间取得了良好折衷，精度高、泛化能力强。

（3）PBK 模型不需要实时信息（如：预报时刻之前的实测出流量），能够进行多步外推预报，实现了非实时校正模式下的高精度连续模拟，增长了数据驱动模型的预见期。

（4）PBK 模型不需要进行流域状态变量（如土壤湿度等）的计算，仅需初始出流量即可实现出流量的连续模拟。

2.2　降雨—径流模拟输入变量选择

2.2.1　输入变量选择方法

2.2.1.1　输入变量选择的概念

随着水文站网建设的日趋完善，预报员能够获得的水文资料越来越多，这对构建高质量水文模型大有裨益。然而，对于复杂水文过程，机理研究尚不完善，无法恰当地建立水文模型实现水文模拟，难以利用大量水文资料带来的丰富信息，不依赖物理机制的数据驱动模型则非常适合于这类问题的求解。近年来，数据驱动模型取得了很多应用成果，其中，神经网络模型以强大的非线性模拟能力逐渐受到重视。大量研究成功使用神经网络构建了水文模拟模型，取得了良好的应用效果[115-116]。构建神经网络模型实现水文模拟的关键步骤是模型输入变量的选择。用于水文模拟的神经网络模型的输入变量通常包括降雨量、实测前期流量、蒸散发量、温度和土壤湿度等变量及其时延值，其中降雨量和实测前期流量较为常用，蒸散发量和温度由于对次洪模拟影响较小通常不做考虑，土壤湿度由于无法直接测量故也不做考虑。输入变量选择就是从降雨量、实测前期流量等变量及其时延值中选择与待模拟出流量间关联性最大的变量，如图 2.1 所示。图 2.1 中虚线框内的变量 $Q_{foc}(t)$ 为待模拟的 t 时刻出流量，图 2.1（a）中灰色的变量为与 $Q_{foc}(t)$ 相关联的所有候选输入变量，图 2.1（b）中灰色的变量为选中的输入变量。综上所述，输入变量选择是指从候选输入变量集 C（C 中包含了所有可能的模型输入变量）中恰当地选出一个由 k 个输入变量组成的子集 S。输入变量的漏选和冗余都是不恰当的，一个恰当的输入变量集通常是一个能够准确反映待模拟系统输入输出映射关系的最小集合。

2.2.1.2　常见输入变量选择方法

数据驱动模型建模的第一步是输入变量的选择，恰当地选择输入变量对建立高质量模型至关重要。对于数据驱动模型中最为常用的神经网络模型，以往文献中的输入变量选择方法有试算法和先验知识法等[117]，这些方法通常难以找到全局最优输入变量集，要么漏选一些必要的输入变量，要么选入冗余的输入变量。输入变量的漏选导致输入变量集包含的输入信息不充足，由输入变量集生成的输入输出样本无法恰当地描述输入输出间的映射关系。输入变量的漏选常见于时间序列模拟应用中，此时模型的候选输入变量不仅包括输入变量本身，还包括输入变量的时延值，这大大增加了候选输入变量的个数。大量的候选输入变量使得变量选择更加困难，基于试算法和先验知识的选择方法难免会漏选一些输入变量。

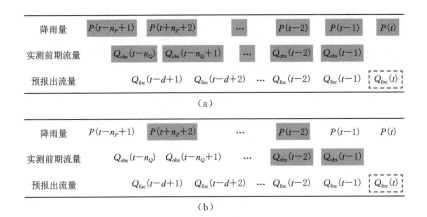

图 2.1　输入变量选择

　　冗余的输入变量指能为模型输出提供重要信息但却与其他输入变量相互关联的输入变量。输入变量的冗余会导致很多问题。首先，冗余的输入变量会导致神经网络模型的过训练和过拟合。过多的输入变量会增大网络规模，即增加了待率定权值（即模型参数）的个数。当训练样本个数固定时，冗余的输入变量不但没有为模型率定提供更多的有效信息，反而会增大权值总数与训练样本总数之比，从而导致过训练和过拟合。其次，冗余的输入变量增大了权值误差响应面上局部最优点的个数。例如：假定两个模型输入 x_1 和 x_2 具有高关联性（即它们实质上包含相同的输入信息，互为冗余），则不同的 x_1 和 x_2 组合能够获得相同的输出效果。假定模型的映射关系是 $y=x_1$，如果输入变量集只包含 x_1 或 x_2，则可辨识出唯一的映射关系 $y=x_1$ 或 $y=x_2$。如果输入变量集同时包含 x_1 和 x_2（如 $y=w_1x_1+w_2x_2$），则存在大量不同的权值组合可以获得相同的输出效果（如：$w_1=1$ 且 $w_2=0$，$w_1=0$ 且 $w_2=1$，$w_1=0.5$ 且 $w_2=0.5$，$w_1=0.3$ 且 $w_2=0.7$ 等），类似于"异参同效现象"。这些不同的权值组合构成了大量局部最优点，权值误差响应面上的局部最优点使最优权值组合的辨识非常困难，同时导致输入输出间的映射关系不唯一。

　　综上所述，漏选和冗余是输入变量选择中的两大关键问题，这两大问题的本质在于：一是输入变量与输出变量间的关联性，二是输入变量相互间的独立性。确保关联性保证了不会漏选必要的输入变量，确保独立性保证了不会选入冗余的输入变量。以往文献提出了很多用于衡量输入变量与输出变量间关联性大小的方法，见图 2.2。这些方法包括基于模型的和无模型的两类。基于模型的方法包括特定方法（人为设定大量候选输入变量集，分别为每个候选输入变量集建立神经网络模型通过试算来确定最优输入变量集）、敏感性分析方法（通过敏感性分析从大量输入变量中选择）、迭代方法［输入变量按照某种特定规则逐个选入（增长法）或逐个删除（枝剪法）］、全局优化方法（通过遗传算法等全局优化算法选择最优输入变量集）。基于模型的方法生成大量候选输入变量集，分别为每个候选输入变量集构建神经网络模型（神经网络模型的构建包括拓扑结构的优选和模型参数的率定），通过比较模型输出结果，将输出结果最优的模型对应的候选输入变量集作为最优输入变量集。这类方法需要构建大量神经网络模型，相当耗时。此外，利用这类方法进行输入变量选择时，输入变量的取舍取决于模型输出结果的优劣。实际上，模型输出结果的优劣不只与输入变量集有关，还受到拓扑结构（如：隐含层神经元个数）和模型参数（如：权值）的影响．对于每个输入变量集，拓扑结构和模型参数需要进行优化，即超参数优化，优化时需要人为设置一些优化算法参数（如：采用反向传播算法时的学习速率和动量项），优化结果的好坏受这些参数影响较大，会导致模型输出结果的不稳定，对变量选择产生不良影响。故模型输出结果的优劣不仅反映了输入变量集的好坏，还反映了优化算法参数设置的好坏。因此，仅以模型输出结果的优劣作为输入变量选择的标准具有局限性。与基于模型的方法不同，无模型的方法不以训练完毕的神经网络模型输出结果的优劣作为输入变量选择的标准。无模型的方法分为两类：特定方法和分析方法。特定方法根据应用中的具体要求和先验知识等来确定输入变量，较为主观。分析方法使用某种统计学指标来衡量候选输入变量与输出变量间关联性的大小。分析方法中最常用的统计学指标是相关系数。相关系数的不足之处是仅能衡量输入变量与输出变量间线性关联性的大小。在高度非线性系统（如：水资源系统）建模中，神经网络模型的表现优于线性模型（如：线性回归模型）。为充分发挥神经网络模型的非线性模拟能力，基于非线性统计学指标（如：互信息）的变量选择方法更加适合于神经网络模型输入变量的选择。

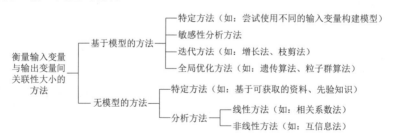

图 2.2　用于衡量输入变量与输出变量间关联性大小的方法

输入变量选择不仅要考虑输入变量与输出变量间的关联性，还要考虑输入变量相互间的独立性，相互间不独立的输入变量是互为冗余的。以往研究主要用两种方法来确保输入变量相互间的独立性，如图 2.3 所示的降维法和筛选法。降维法通过剔除相关联的候选输入变量来降低输入向量的维数。降维法主要分为两种：一是对输入向量进行主成分分析降维，二是对输入向量进行聚类分析和特征向量提取。降维法通常需要与图 2.2 中所示的输入变量选择方法配合使用，通过两个步骤来完成输入变量选择：第一步是降维，以此确保降维后剩余的候选输入变量间具有较高的独立性，第二步是通过图 2.2 中所示的方法对剩余的候选输入变量进行选择。另一种确保输入变量间独立性的方法是筛选法，如：基于偏关联性的迭代式筛选法。这类方法首先将与输出变量具有最大关联性的输入变量选入，然后通过迭代依次确定其他输入变量的取舍，取舍的标准是候选输入变量与输出变量间偏关联性的大小。偏关联性是指扣除输出变量与已选输入变量间的关联性求得的净输出与候选输入变量间的关联性。这类方法的典型代表是基于偏相关系数或偏互信息的输入变量选择算法[118-119]。以偏关联性作为输入变量取舍的标准能够同时确保关联性和独立性。需要注意的是，基于模型的输入变量选择方法（如全局优化法和枝剪法等）无法与筛选法联合使用。基于模型的方法只考虑了输入变量与输出变量间的关联性，故必须与降维法联合使用才能确保输入变量相互间的独立性。

图 2.3　用于确保输入变量独立性的方法

输入变量选择对构建高质量神经网络模型意义重大。然而，以往大多数研究采用的输入变量选择方法均基于先验知识或线性相关系数等方法，不利于发挥神经网络模型的非线性拟合能力。基于模型的输入变量选择方法会受到模型率定质量的影响，其选择结果不稳定。此外，以往大多数研究并未考虑输入变量间的独立性，这会导致冗余输入变量的引入进而降低了模型的质量。因此，基于偏非线性关联性、结果稳定的方法（即：基于偏互信息的输入变量选择算法）是当前较为先进的输入变量选择方法[120]。

2.2.2　基于偏互信息的输入变量选择方法

常见的输入变量选择方法有试算法、启发式算法、先验知识、统计分析或以上方法的组合。统计分析方法适用性较广，效率高，变量选择结果主要由样本特性决定，受先验知识和人为因素影响较小，结果稳定可靠，适用于神经网络模型[121]。本节主要介绍由 Sharma[122] 提出的基于偏互信息的输入变量选择方法，该方法为神经网络模型非线性输入变量选择量身定制，是当前最好的输入变量选择方法之一[123]。该法未对输入输出间的映射关系做任何先验假定（如：假定满足线性关系等），具有很好的鲁棒性，受样本噪声和样本数据预处理标准化变换影响较小[124-125]。另外，与基于互信息的方法不同，本方法基于偏互信息评价输入变量的影响力，可以确保选入的输入变量间的独立性。该法不足之处是需要进行自举法采样来计算停止准则，计算开销较大，故本节引入了基于 AIC 信息准则的停止准则，该准则在计算开销和精度上取得了良好的折衷，我们推荐使用基于 AIC 信息准则的停止准则。

2.2.2.1　偏互信息及其估计方法

模型输出变量 Y 可被看作随机变量，Y 的观测值 $y \in Y$ 具有不确定性，这种不确定性可由 Shannon 熵（H）来描述。若存在视为随机变量的输入变量 X，且 X 与 Y 间存在某种关联性，即 X 是自变量，Y 是因变量，则当我们获知 X 的观测值 x 时，就可对 Y 的观测值 y 值进行预测，成对的观测值（x，y）降低了 y 的不确定性。这里定义 X 与 Y 间的互信息 I（X；Y）为：通过知晓 X 的观测值可以降低 Y 的不确定性，降低程度的大小定义为 X 与 Y 间的互信息。图 2.4 中的交集表示 X 与 Y 间的互信息，条件熵 H（$X \mid Y$）和 H（$Y \mid X$）分别表示知晓 Y 之后 X 被降低的不确定性和知晓 X 后 Y 被降低的不确定性。

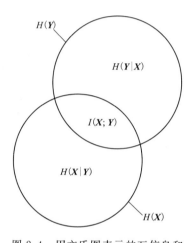

图 2.4　用文氏图表示的互信息和熵之间的关系

（其中 Y 表示输出变量，X 表示单一输入变量）

互信息的计算公式可表达为

$$I(\boldsymbol{X};\boldsymbol{Y}) = \iint p(\boldsymbol{x},\boldsymbol{y}) \log \frac{p(\boldsymbol{x},\boldsymbol{y})}{p(\boldsymbol{x})p(\boldsymbol{y})} \mathrm{d}\boldsymbol{x}\,\mathrm{d}\boldsymbol{y} \tag{2.1}$$

式中：p（y）和 p（x）分别表示 X 和 Y 的边际概率密度函数；p（x，y）表示联合概率密度函数。在实际应用中，公式（2.1）中的概率密度函数的解析形式通常未知，因此，实际应用中使用密度估计方法来对概率密度函数进行近似。通过密度估计，公式（2.1）的离散形式表达为

$$I(\boldsymbol{X};\boldsymbol{Y}) \approx \frac{1}{n} \sum_{i=1}^{n} \log \left[\frac{f(\boldsymbol{x}_i,\boldsymbol{y}_i)}{f(\boldsymbol{x}_i)f(\boldsymbol{y}_i)} \right] \tag{2.2}$$

式中：f 代表由 n 个观测样本（x_i，y_i）估得的概率密度。

在以往文献中，公式（2.1）和公式（2.2）中的对数函数 log 的底常取 2 或

e，本书中采用自然对数，即底取 e。优良的边际概率密度和联合概率密度估计方法可以显著提高互信息估计值的精度和效率。非参数估计［如：核密度估计（KDE）］由于其鲁棒性和高精度而被广泛应用于概率密度估计。尽管核密度估计在计算开销上大于直方图法，但其精度要远高于直方图法，故这里使用核密度估计来对密度函数值进行估算。f 的估计值由式（2.3）给出：

$$\hat{f}(\boldsymbol{x}) = \frac{1}{n} \sum_{i=1}^{n} K_h(\boldsymbol{x} - \boldsymbol{x}_i) \qquad (2.3)$$

式中：$\hat{f}(\boldsymbol{x})$ 表示在 $\boldsymbol{x}$ 处的概率密度估计值；$\boldsymbol{x}_i$ $\{i=1, \cdots, n\}$ 表示 $\boldsymbol{X}$ 的样本值；K_h 表示核函数，h 表示核带宽（或光滑系数）。K_h 通常采用高斯核函数表示：

$$K_h = \frac{1}{(\sqrt{2\pi}h)^d \sqrt{|\Sigma|}} \exp\left(\frac{-\parallel \boldsymbol{x} - \boldsymbol{x}_i \parallel}{2h^2}\right) \qquad (2.4)$$

式中：d 表示 $\boldsymbol{X}$ 的维数；Σ 表示样本协方差矩阵；$\parallel \boldsymbol{x} - \boldsymbol{x}_i \parallel$ 表示 $\boldsymbol{x}$ 与 $\boldsymbol{x}_i$ 间的马氏（Mahalanobis）距离，可表示为

$$\parallel \boldsymbol{x} - \boldsymbol{x}_i \parallel = (\boldsymbol{x} - \boldsymbol{x}_i)^{\mathrm{T}} \Sigma^{-1} (\boldsymbol{x} - \boldsymbol{x}_i) \qquad (2.5)$$

将公式（2.4）代入公式（2.3），得到核密度估计的计算公式：

$$\hat{f}(\boldsymbol{x}) = \frac{1}{n(\sqrt{2\pi}h)^d \sqrt{|\Sigma|}} \sum_{i=1}^{n} \exp\left(\frac{-\parallel \boldsymbol{x} - \boldsymbol{x}_i \parallel}{2h^2}\right) \qquad (2.6)$$

核密度估计精度的高低主要由带宽决定，而最优带宽主要由样本的分布决定。过小的带宽使得估计的密度值对样本噪声过于敏感，估得的互信息波动性较大。过大的带宽对于复杂的概率密度函数难以取得准确的估计值，估得的密度值偏差很大。交叉验证和嵌入带宽筛选算法可用于核带宽的优选，但这些方法的计算开销很大。Sharma、Bowden 等、Huang 和 Chow[126] 采用了高斯参照带宽（h_G）对互信息进行估计，这是一种效率较高的估算方法。Harrold 等[127]提供了经验公式，即带宽取值约为 $1.5h_G$，估得的互信息较为稳定。高斯参照带宽的表达式为

$$h_G = \left(\frac{1}{d+2}\right)^{1/(d+4)} \sigma n^{1/(d+4)} \qquad (2.7)$$

式中：σ 表示样本标准差。如果样本不服从高斯分布，则由式（2.7）估得的 h_G 不够准确，往往偏大。此外，数值试验表明，带宽变动范围不超过 20% 时，估计结果较为准确。此外，参照带宽计算效率高并已被广泛应用于以往大量研究中。综合考虑以上原因，本书采用参照带宽法进行概率密度的估计。

将互信息的概念推广到多输入系统中，则产生了偏互信息的概念，见图 2.5。以两个输入变量 $\boldsymbol{X}$ 和 $\boldsymbol{Z}$ 为例，给定 $\boldsymbol{X}$，$\boldsymbol{Y}$ 中由 $\boldsymbol{X}$ 降低的不确定性可表

示为 $H(Y \mid X)$，则 Z 与 Y 之间的偏互信息是指除去由 X 降低的不确定性后，由于又获知了 Z 的观测值后，Y 中由 Z 进一步降低的不确定性。偏互信息与偏相关系数 $R'_{ZY \cdot X}$ 类似，$R'_{ZY \cdot X}$ 表示剔除 X 对 Y 的线性影响后，Z 与 Y 之间的线性相关性。偏相关系数的计算方法如下：首先用线性回归方法求得由 X 算得的 Y 和 Z 的估计值，然后从 Y 和 Z 的观测值中减去估计值得到残差 u 和 v。Pearson 相关系数 $R(u, v)$ 即为 $R'_{ZY \cdot X}$。类似地，偏互信息可通过一种非线性回归方法来过滤掉变量间的关联性后求得。

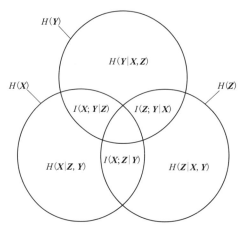

图 2.5　用文氏图表示的偏互信息和熵之间的关系

（其中 Y 表示输出变量，X、Z 表示输入变量）

基于核密度估计方法，由 X 估计 Y 的非线性回归方法如下：

$$\hat{m}_Y(x) = E[y \mid X = x] = \frac{1}{n} \frac{\sum\limits_{i=1}^{n} y_i K_h(x - x_i)}{\sum\limits_{i=1}^{n} K_h(x - x_i)} \qquad (2.8)$$

式中：$\hat{m}_Y(x)$ 为非线性回归估计器；n 为观测值样本对 (x_i, y_i) 的个数；$E[y \mid X = x]$ 为在 x 处 y 的条件期望值。

估计器 $\hat{m}_Z(x)$ 与 $\hat{m}_Y(x)$ 类似。残差 u 和 v 可表示为

$$u = Y - \hat{m}_Y(X) \qquad (2.9)$$

和

$$u = Z - \hat{m}_Z(X) \qquad (2.10)$$

则偏互信息为

$$I'_{ZY \cdot X} = I(v; u) \qquad (2.11)$$

式中：$I'_{ZY \cdot X}$ 表示偏互信息，也可写为 $I(Z; Y \mid X)$。$I'_{ZY \cdot X}$ 可用于评估剔除已选输入 X 对 Y 提供的信息影响后，输入变量 Z 与 Y 之间的关联性。

2.2.2.2　算法描述

基于偏互信息的输入变量选择方法描述如下：

（1）基于先验知识、建模者的经验和可获取的样本等信息建立所有候选输入变量。

（2）初始化候选输入变量集 C 和已选输入变量集 S 。

（3）计算输出变量的残差 u 和每个候选输入变量的残差 v ，残差的计算通过扣除与当前迭代循环已选输入变量间的关联性后获得。

$$u = Y - E[y \mid X = x] \tag{2.12}$$

$$v = Z - E[z \mid X = x] \tag{2.13}$$

式中：Y 表示输出变量；X 和 Z 分别表示当前迭代循环所有已选输入变量和每个候选输入变量。

（4）计算 u 和 v 间的互信息 $I(v;u)$ ：

$$I(v;u) \approx \frac{1}{n} \sum_{i=1}^{n} \log \left[\frac{f(v_i, u_i)}{f(v_i) f(u_i)} \right] \tag{2.14}$$

寻找 C 中使得 $I(v;u)$ 最大化的候选输入变量。

（5）计算停止准则。

（6）如果不满足停止准则，则将该候选输入变量加入 S ，转第（3）步，否则停止迭代。

2.2.2.3　算法停止准则

本书采用赤池信息准则（AIC 信息准则）作为算法停止准则。AIC 信息准则能够在非参数估计回归精度和已选输入变量集 S 的规模间取得一个良好的折衷，使得 S 在满足较高非参数估计回归精度的前提下具有尽量小的规模。基于偏互信息的输入变量选择算法在每步迭代中挑选一个候选输入变量并尝试将它添加到已选输入变量集 S 中，通过非参数估计器 $\hat{m}_Y(S)$ 估得 Y 的回归值，进而求得输出残差 $u = Y - \hat{m}_Y(S)$ ，基于 AIC 信息准则的停止准则通过分析输出残差来决定何时停止迭代。随着迭代的进行，候选输入变量被逐个添加到 S 中，非参数估计器 $\hat{m}_Y(S)$ 估得的输出值中所包含的关于 Y 的信息量会越来越多，即 u 中包含的信息量会越来越少，当迭代获得最优 S 时，再向 S 中添加输入变量已经无法使 $\hat{m}_Y(S)$ 中增加更多关于 Y 的信息量，即 u 中包含的信息量已经无法再减少。AIC 信息准则的表达式为

$$\text{AIC} = n \ln \left(\frac{1}{n} \sum_{i=1}^{n} u_i^2 \right) + 2p \tag{2.15}$$

式中：n 为样本数目；u_i 表示模型模拟值与实测值间的残差；p 表示模型参数个数。在线性回归中，$p = k + 1$ ，其中，k 为变量个数，1 对应截距。对于非参数估计，p 表示有效参数的个数或 V-C（Vapnik-Chernovenkis）维数。有效参数个数由矩阵 H 的迹 trace（H）决定，H 是一个用于回归的 $n \times n$ 的帽子矩阵（hat-matrix）：

$$\hat{\boldsymbol{y}} = H\boldsymbol{y} \tag{2.16}$$

H 的每个元素 H_{ij} 由式（2.17）计算：

$$H_{ij} = \frac{K_h(\boldsymbol{x}_i - \boldsymbol{x}_j)}{\sum\limits_{j=1}^{n} K_h(\boldsymbol{x}_i - \boldsymbol{x}_j)} \tag{2.17}$$

迭代算法运行时，AIC 值会发生如下的变化：在迭代初始阶段 AIC 的变化主要由残差项决定，此时残差项会急剧减小，因此 AIC 值也会减小。随着输入变量的逐渐增多，有效参数个数 p 逐渐增大，当残差项减小到一定程度后，p 值的增大将起主导作用，使得 AIC 停止减小并开始增大。因此，AIC 的最小值点对应着最优输入变量集，为停止迭代的时刻。即当新候选输入变量的加入能够使 AIC 减小时，迭代继续，当新候选输入变量的加入使 AIC 增大时，停止迭代。

2.2.3　降雨—径流模拟中候选输入向量的确定

基于神经网络模型的降雨—径流模拟研究中，出流量通常由输入向量预测获得。输入向量通常由前期流量、降雨量、蒸散发量和其他与出流量具有关联性的因素组成，以往大多数文献中的输入向量由实测前期流量和降雨量组成。水文模拟的观测数据为离散时间序列，故对每个时刻，能够产生一个样本，则 t 时刻输入向量为

$$\boldsymbol{X}_t = (Q_{t-1}^{(OBS)}, Q_{t-2}^{(OBS)}, \cdots, Q_{t-n_Q}^{(OBS)}, P_t, P_{t-1}, \cdots, P_{t-j+1} \cdots, P_{t-n_P+1})^{\mathrm{T}} \tag{2.18}$$

式中：$Q_{t-i}^{(OBS)}$ 表示 $t-i$ 时刻实测前期流量，$i = 1, 2, \cdots, n_Q$；n_Q 为实测前期流量阶数；P_{t-j+1} 表示 $t-j+1$ 时刻降雨量，$j = 1, 2, \cdots, n_P$，n_P 为降雨量阶数；$t = 1, 2, \cdots, T$，T 为样本个数。故输入输出样本对可以简写为 $\boldsymbol{X}_t \sim Q_t^{(OBS)}$。公式（2.18）中的 n_Q 和 n_P 为用户设置的阶数。阶数通常设置为较大的值，这样才能保证 $\boldsymbol{X}_t$ 包含足够的输入信息。因此，公式（2.18）中的实测前期流量和降雨量通常含有一些冗余输入变量，故 $\boldsymbol{X}_t$ 称为候选输入向量，而 $\boldsymbol{X}_t \sim Q_t^{(OBS)}$ 则称为候选输入输出样本对。由于包含冗余信息，$\boldsymbol{X}_t$ 需要通过输入变量选择算法筛选为精简后的最优输入向量 $\boldsymbol{X}_t^{(S)}$，与之对应的，$\boldsymbol{X}_t^{(S)} \sim Q_t^{(OBS)}$ 称为最优输入输出样本对。

2.2.4　输入变量的分裂选择策略

在以往文献中，候选输入向量中的实测前期流量和降雨量通常同时参与选择，然而，数值试验表明如果实测前期流量和降雨量同时选择，则几乎没有降雨量输入变量能够被选入 $\boldsymbol{X}_t^{(S)}$，选出的 $\boldsymbol{X}_t^{(S)}$ 主要由实测前期流量组成。这是由

于实测前期流量与出流量间的关联性远大于降雨量与出流量间的关联性。因此，为了能够在 $\boldsymbol{X}_t^{(S)}$ 中包含足够的降雨信息，实测前期流量与降雨量应分别经过不同的输入变量选择过程选入 $\boldsymbol{X}_t^{(S)}$。因此，公式（2.18）中的候选输入向量 $\boldsymbol{X}_t$ 需要写成"分裂"的形式：

$$\boldsymbol{X}_t = (\boldsymbol{X}_t^{(Q\_OBS)}, \boldsymbol{X}_t^{(P)})^{\mathrm{T}} \tag{2.19}$$

$$\boldsymbol{X}_t^{(Q\_OBS)} = (Q_{t-1}^{(OBS)}, Q_{t-2}^{(OBS)}, \cdots, Q_{t-n_Q}^{(OBS)})^{\mathrm{T}} \tag{2.20}$$

$$\boldsymbol{X}_t^{(P)} = (P_t, P_{t-1}, \cdots, P_{t-n_P+1})^{\mathrm{T}} \tag{2.21}$$

式中：$\boldsymbol{X}_t^{(Q\_OBS)}$ 表示 t 时刻实测前期流量候选输入向量；$\boldsymbol{X}_t^{(P)}$ 表示 t 时刻降雨量候选输入向量。t 时刻最优输入向量可表示为

$$\boldsymbol{X}_t^{(S)} = [IVS_{Q\_OBS}(\boldsymbol{X}_t^{(Q\_OBS)}), IVS_P(\boldsymbol{X}_t^{(P)})]^{\mathrm{T}} \tag{2.22}$$

式中：IVS_{Q_OBS} 和 IVS_P 分别表示实测前期流量候选输入向量和降雨量候选输入向量的基于偏互信息的输入变量选择过程；$IVS_{Q\_OBS}(\boldsymbol{X}_t^{(Q\_OBS)})$ 和 $IVS_P(\boldsymbol{X}_t^{(P)})$ 分别表示 t 时刻实测前期流量最优输入向量和降雨量最优输入向量。获得的最优输入输出样本对可简写为 $\boldsymbol{X}_t^{(S)} \sim Q_t^{(OBS)}$。

2.2.5　基于滑窗累积雨量的降雨量候选输入向量

通常情况下，降雨量候选输入向量的构成方式见公式（2.21），然而，数值试验表明降雨量最优输入向量 $IVS_P(\boldsymbol{X}_t^{(P)})$ 往往不能包含足够的降雨信息，模拟效果不佳。原因在于通过基于偏互信息的输入变量选择方法从 $\boldsymbol{X}_t^{(P)}$ 中选出的降雨量输入变量通常是离散的、不连续的单时刻降雨量，事实上，与出流量密切关联的是具有一定历时和时延的累积降雨量，而非离散的、不连续的单时刻降雨量。因此，按照公式（2.21）生成的降雨量候选输入向量往往不足以充分表达降雨量信息，降雨量候选输入向量应通过一种更好的形式组织起来。本节提出一种基于滑窗累积雨量的降雨量候选输入向量，其组成形式为

$$\boldsymbol{X}_t^{(SWCR)} = (SWCRs_t^{(1)}, SWCRs_t^{(2)}, \cdots, SWCRs_t^{(n_P)})^{\mathrm{T}} \tag{2.23}$$

式中：$\boldsymbol{X}_t^{(SWCR)}$ 表示 t 时刻滑窗累积雨量候选输入向量；$SWCRs_t^{(i)}$ 表示对应于 t 时刻的一系列滑窗累积雨量的集合，这些滑窗累积雨量具有相同的滑窗宽度（宽度为 i），$i = 1, 2, \cdots, n_P$。$SWCRs^{(i)}$ 的组成方式见表2.1。所有滑窗累积雨量包含的雨量变量总个数为 $n_P + (n_P-1) + (n_P-2) + \cdots + 1 = (1+n_P) n_P/2$。

基于实测前期流量和滑窗累积雨量的候选输入向量的构成方式为

$$\boldsymbol{X}_t = (\boldsymbol{X}_t^{(Q\_OBS)}, \boldsymbol{X}_t^{(SWCR)})^{\mathrm{T}} \tag{2.24}$$

则 t 时刻最优输入向量的表达式为

$$\boldsymbol{X}_t^{(S)} = [IVS_{Q\_OBS}(\boldsymbol{X}_t^{(Q\_OBS)}), IVS_{SWCR}(\boldsymbol{X}_t^{(SWCR)})]^{\mathrm{T}} \tag{2.25}$$

式中：IVS_{SWCR} 表示滑窗累积雨量候选输入向量的基于偏互信息的输入变量选择

过程；$IVS_{SWCR}(\boldsymbol{X}_t^{(SWCR)})$ 表示 t 时刻滑窗累积雨量最优输入向量。

表 2.1　　　　　　　　　　　　　$SWCRs_t^{(i)}$ 的 组 成 方 式

$SWCRs_t^{(i)}$	滑窗宽度 (i)	$SWCRs_t^{(i)}$ 中候选输入变量的个数	$SWCRs_t^{(i)}$ 中的候选输入变量
$SWCRs_t^{(1)}$	1	n_P	P_t，P_{t-1}，$\cdots$，P_{t-n_P+1}
$SWCRs_t^{(2)}$	2	n_P-1	P_t+P_{t-1}，$P_{t-1}+P_{t-2}$，$\cdots$，$P_{t-n_P+2}+P_{t-n_P+1}$
$SWCRs_t^{(3)}$	3	n_P-2	$P_t+P_{t-1}+P_{t-2}$，$P_{t-1}+P_{t-2}+P_{t-3}$，$\cdots$， $P_{t-n_P+3}+P_{t-n_P+2}+P_{t-n_P+1}$
...	...	...	...
$SWCRs_t^{(n_P)}$	n_P	1	$P_t+P_{t-1}+\cdots+P_{t-n_P+1}$

2.3　新型数据驱动模型——PBK 模型

PBK 模型（PMI-based input variable selection，EPBNN-based discharge forecasting and K-nearest neighbor-based discharge error forecasting，基于偏互信息的输入变量选择，基于新型集成神经网络的出流量预测和基于 K 最近邻算法的出流量误差预测）是一种由神经网络模型和 K 最近邻算法耦合而成的综合性模型，是一种创新型的神经网络模型。以下各小节分别介绍 PBK 模型涉及的相关技术。

2.3.1　神经网络模型构建方式

神经网络模型有多种构建方式，主要分为前馈网络、递归网络和耦合模型三类（见图 2.6）。

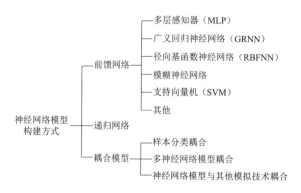

图 2.6　神经网络模型构建方式

多层感知器（MLP）是最常见的前馈网络。其他常用的前馈网络有广义回归神经网络（GRNN）、径向基函数神经网络（RBFNN）、模糊神经网络和支持向量机（SVM）。多层感知器采用三层或多层人工神经元，以线性聚合函数、线性和（或）非线性激活函数将各层神经元连接起来。各层神经元将前一层神经元的输出加权后传至后续层中的神经元。多层感知器的隐含层和输出层常采用非线性激活函数，使得多层感知器具有强大的非线性拟合能力。

广义回归神经网络与多层感知器类似，具有模拟任意函数映射关系的能力。两者的区别在于构建方式上的不同。广义回归神经网络由四层构成，分别为输入层、模式层、求和层和输出层。与多层感知器不同，广义回归神经网络的率定没有采用迭代式训练算法，而是采用了基于核回归的统计学方法。

径向基函数神经网络是仿照自然界中局部调谐神经元的工作原理提出的。这种神经元受到输入刺激后，其输出响应局限在一个较小的区间内。径向基函数神经网络的构建方式类似于前馈多层感知器，由输入层、隐含层和输出层三层神经元构成。它与多层感知器的主要区别在于隐含层激活函数采用径向基函数，输出层神经元必须使用线性激活函数。径向基函数神经网络通常由两阶段方法训练，第一阶段建立隐含层基函数，第二阶段直接确定连接隐含层和输出层神经元的权值和偏置值。

模糊神经网络由神经网络和模糊逻辑组成。通过神经网络的学习能力来设计复杂模糊系统（或生成 IF THEN 规则），建立模糊神经模型。模糊神经网络模型具有神经网络和模糊逻辑的双重优势，在水文应用中比单一神经网络模型能取得更高的精度。

近年来，支持向量机被一些学者引入到水文应用中。支持向量机是一种基于 V - C 维理论的机器学习算法，它能够同时最小化经验风险（与预报误差有关）和结构风险（与模型结构有关），理论基础较为完善。

尽管前馈网络是当前降雨—径流模拟领域最为流行的神经网络模型构建方式，递归网络也受到了越来越多的关注。递归网络中的信息流不只向前传播，也可以通过反馈机制向后传播。输出层神经元可以将输出信息反馈给输入层和（或）隐含层神经元。反馈机制使得递归网络非常适于时延动态系统的模拟。

水文系统是复杂的非线性动态系统，水文系统模型中包含许多状态变量，这些变量具有明显的时空变异性、关联性和不确定性。水文系统建模是一项非常复杂和困难的工作，单一的神经网络模型构建方式通常无法取得满意的模拟效果。因此，将多模型、多方法和多技术耦合起来的耦合型模型构建方式被深入研究和广泛应用。耦合型模型构建方式主要分为样本分类耦合、多神经网络模型耦合和神经网络模型与其他模拟技术耦合三种：

样本分类耦合依照训练样本的动态特征将其划分为若干类，各类分别建立神经网络模型进行模拟。样本分类方法包括数据驱动分类和物理机制分类两种。典型的数据驱动分类方法是非监督学习方法［如：Kohonen 的自组织特征映射（SOM）］，这类方法通过聚类分析将输入输出样本对划分到不同的类别中实现对样本的分类。典型的物理机制分类方法是依据对系统物理机制的先验知识将样本分类。样本分类完成后，每类样本分别由各自的神经网络模型进行模拟。样本分类耦合的优势是能够反映和模拟不同类别样本的动态响应机制，可以获得更好的模拟结果。

多神经网络模型耦合将需要模拟的系统划分为若干子系统，每个子系统分别建立神经网络模型进行模拟，最后将各子系统的输出集成起来实现对整个系统的模拟。即可以通过两个或多个神经网络模型对同一个系统的各子系统进行建模模拟，之后将两个或多个神经网络模型的输出集成为总输出。

神经网络模型与其他模拟技术耦合将神经网络模型与其他模拟技术（如：回归方法、时间序列方法或概念性模型）耦合起来构建一种耦合模型来进行模拟，它集成了两类模型的优势。例如，时间序列—神经网络模型的优势是首先将数据中隐含的确定性趋势项通过时间序列模型移除，使得数据中残余的非线性特征能够由神经网络模型来充分模拟。类似地，可以将回归方法、概念性模型等与神经网络模型进行耦合，构建模拟能力更强的模型。

以往文献中大部分研究采用多层感知器的神经网络模型构建方式，其中以反向传播神经网络使用最为广泛，理论和方法较为成熟。模型构建方式研究的热点集中在对已存在构建方式的应用、比较和评估及对新型构建方式的研发和评测。新型构建方式的研发主要通过耦合型模型这条途径进行探索，目的是使各类模型取长补短、优势互补。由于耦合方式多种多样，应用领域五花八门，建模物理机制尚不明晰，故到目前为止，各类耦合方式的适用范围尚无理论指导和应用标准，这方面的问题是未来亟待解决的。可以肯定的是，多层感知器和耦合型模型构建方式是当前最为成熟、实用和有效的神经网络模型构建方式。

2.3.2   集成神经网络模型

PBK 模型中使用了集成神经网络技术，该技术对于提高模拟精度和模型泛化能力作用明显。集成神经网络是指有限个神经网络组成的集合，集合中的每个个体网络经过训练用以解决同一个问题。通常情况下，个体网络各自训练，它们的模拟结果通过某种方式集成在一起构成最终的模拟结果[128]。集成神经网络中的每个个体网络能够提供一个模拟值，由于集成神经网络具有更好的泛化能力，故将这些模拟值集成起来得到的最终模拟结果往往更好。典型的集成神经网络结构见图 2.7。集成神经网络最初由 Hansen 和 Salamon 提出，他们研究表明集成神经网络的泛化能力比单一神经网络显著提高。集成神经网络的表现非常优异，已被广泛应用到各个领域，如：模式识别[129]、医学诊断[130]、气候预测[131] 和船舶推进装置建模[132] 等。

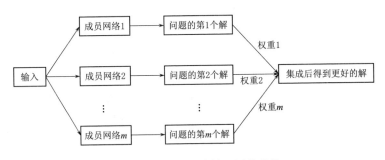

图 2.7   典型的集成神经网络结构

集成神经网络通常由两阶段法构建：阶段一生成个体网络，阶段二将个体网络的模拟结果集成起来。生成个体网络时需要注意的问题有两个：其一是个体网络的模拟精度要足够高，其二是个体网络的多样性必须得到保证。个体网络的多样性是指个体网络泛化能力的多样化，即不同的个体网络具有不同的泛化能力，这样的个体网络构成的集成神经网络才会具有更好的泛化能力。为保证个体网络泛化能力的多样性，不同个体网络进行训练时需采取不同的设置，如设置不同的训练样本、训练算法、拓扑结构和初始模型参数等[133]。目前最为流行的集成神经网络训练样本生成方法是 Bagging 算法和 Boosting 算法。Bagging（bootstrap aggregation，自举法集成）算法由 Breiman 提出[134]，该算法基于自举采样，自举采样使用重采样技术由已知训练样本衍生出大量新的训练样本。这些新的训练样本构成一个备选集，由可重复随机抽样从备选集中抽取样本为每个个体网络分别生成训练集并训练每个个体网络。Bagging 算法适用于训练样本不足的集成神经网络模型的训练。Boosting 算法由 Schapire 提出并经 Freund 和 Schapire[135] 完善。Boosting 算法依次产生若干个体网络并为每个个体网络生成训练样本，各个体网络的训练样本的生成基于其前一个个体网络的模拟效果。因为 Boosting 算法需要大量实测样本，实际应用中较难满足这一要求，故 Freund 和 Schapire 提出了 AdaBoost 算法（自适应 boosting 算法）[136]。每个个体网络是一个弱预测器，多个弱预测器构成的集成神经网络是强预测器。根据前一个弱预测器对某个训练样本模拟效果的好坏，该训练样本被选入下一个弱预测器训练集的概率被降低或维持不变。随着迭代的进行，较难模拟的样本被选入后续弱预测器训练集的概率加大，后续弱预测器将更专注于学习较难模拟的样本。其他生成个体网络的方法也有很多。Opitz 和 Shavlik[137] 使用遗传算法生成个体网络。Granitto[138] 等提出了迟停止方法，该方法是一种迭代算法，每步迭代添加一个个体网络，且仅需存储单步迭代中个体网络的参数。与之类似的迭代法还有神经包[139] 和 Naftaly 等[140] 提出的方法，但这些方法需要保存迭代中生成的所有网络，所有迭代结束后才进行个体网络的筛选。Zhou 等[141] 通过遗传算法从大量训练完毕的网络中筛选出一个子集来构成集成神经网络。

个体网络生成后，需要考虑如何将它们的模拟结果集成起来。20 世纪 90 年代初，学者们提出了很多集成方法。Hashenm 使用等权重对个体网络的模拟结果进行线性加权求和作为集成神经网络的模拟结果。使用等权重进行加权得到的集成神经网络称为简单集成神经网络（或简单平均集成神经网络）。Perrone 和 Cooper 提出了一种适用性更广的基于相关矩阵的最优权重确定方法。该方法用实测值和个体网络模拟值填充对称相关矩阵。这种方法又称为权重均化法，可以充分利用局部极小点的局部寻优能力。Rosen[142] 通过反向传播算法训练个体网络，利用惩罚项迫使各个体网络间互不相关来增加个体网络的多样性。Rosen 算法的缺陷在于新训练的个体网络不会对先前训练的个体网络产生影响，故个体网络的模拟误差相互间不一定满足负相关。Liu 等[143] 提出了负相关进化学习算法用于集成神经网络的自动设计。该算法是 Rosen 算法的改进版，它能够同时训练相互间呈负相关关系的个体网络，使个体网络分别学习训练集的不同部分，进而提高了个体网络的多样性。Islam 等[144] 提出了增长式集成神经网络用以构建协作式集成神经网络。该方法可以自动确定集成神经网络中个体网络的个数和各个体网络的隐含层神经元个数。增长式集成神经网络采用负相关学习方法来确保个体网络的多样性，只有使集成神经网络整体模拟误差下降的新个体网络才会被加入到集成神经网络中，仅能使个体网络模拟误差下降的新个体网络不会被加入到集成神经网络中。然而，该方法需要引入一个额外的集成神经网络，该网络比原集成神经网络更加复杂，加大了寻优难度。Lagaros 等[145] 提出了一种自适应策略对神经网络进行训练。自适应策略基于进化算法，增强了神经网络预测的可靠性。以上诸多方法往往偏重于如何使网络训练误差降低，会导致集成神经网络过于复杂，降低了模型的稳定性和可靠性，此外，网络过于复杂增加了计算开销并导致过拟合。Zhao[146] 将 AIC 信息准则引入集成神经网络权重的确定中，同时考虑了模拟误差和网络复杂度，对训练完毕的各个体网络使用基于 AIC 信息准则的权重来避免过拟合现象的发生，取得了良好效果。

个体网络的生成和权重的确定对建立高质量集成神经网络非常重要。一种稳定高效的个体网络生成方法和合理的权重确定方法是必要的。目前为止，基于多目标优化算法的个体网络生成方法和基于 AIC 信息准则的权重确定方法是一种优秀的集成神经网络模型设计方法。基于多目标优化算法的个体网络生成方法能够在均衡考虑模拟误差和网络复杂度的前提下自动确定全局最优个体网络个数和各个体网络拓扑结构和模型参数。基于 AIC 信息准则的权重确定方法同时考虑了模拟误差和网络复杂度，对于提高集成神经网络泛化能力效果显著。

2.3.3　新型集成神经网络模型——EBPNN 模型

本节提出一种新型集成神经网络模型——EBPNN（Ensemble Back Propagation Neural Network）模型，该模型采用三层反向传播神经网络作为个体网络，EBPNN 模型的个体网络分别对输入进行计算，求得各自的输出，通过加权平均法求出最终集成神经网络的输出。组成个体网络的三层反向传播神经网络的拓扑结构和网络参数见图 2.8。

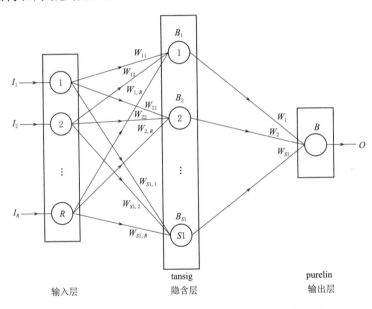

图 2.8　三层反向传播神经网络拓扑结构和网络参数

图 2.8 中，W_{ij}、B_i 和 tansig 分别表示输入层到隐含层的权值、偏置值和传递函数；W_i、B 和 purelin 分别表示隐含层到输出层的权值、偏置值和传递函数；I_j 和 O 分别表示网络输入和输出；$i=1,2,\cdots,S1$；$j=1,2,\cdots,R$；R 和 $S1$ 分别为输入层和隐含层神经元个数，水文模拟中输出层神经元个数通常为 1。传递函数 tansig 和 purelin 见图 2.9。

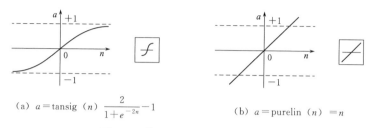

$(a) \ a = \text{tansig} \ (n) \ \dfrac{2}{1+e^{-2n}} - 1$　　　　$(b) \ a = \text{purelin} \ (n) = n$

图 2.9　传递函数 tansig 和 purelin

EBPNN 模型的创新点在于提出了新型个体网络生成方法和个体网络权重生成方法。该模型的个体网络由基于 NSGA-Ⅱ算法和早停止 Levenberg-Marquardt 算法的个体网络生成方法优化获得，该方法能自动确定个体网络的个数、各个体网络的最优拓扑结构和网络参数，生成的个体网络在保证模拟精度的前提下具有良好的多样性，提高了集成神经网络的泛化能力。使用基于 AIC 信息准则的个体网络权重生成方法对个体网络的模拟结果进行集成，在保证模拟精度的前提下提升了泛化能力。EBPNN 模型的具体率定方法见第 4 章。

2.3.4　K 最近邻算法

K 最近邻（KNN）算法是一种非参数回归方法。KNN 算法的输入向量一般表示为

$$\boldsymbol{X}_i = (x_1^{(i)}, x_2^{(i)}, \cdots, x_m^{(i)})^{\mathrm{T}} \tag{2.25}$$

式中：$x_j^{(i)}$ 表示输入向量的第 j 个坐标，$j=1, 2, \cdots, m$，m 为输入向量的维数；$i=1, 2, \cdots, n$，n 为样本个数。每个输入向量 $\boldsymbol{X}_i$ 对应一个标量输出值 Y_i，组成了（$\boldsymbol{X}_i$，Y_i）样本对。KNN 算法回归模拟是指根据 n 个实测样本对，对于新输入向量 $\boldsymbol{X}_i$ 预测其对应的输出 Y_i。KNN 算法通过遍历所有实测样本对，寻找 K 个与 $\boldsymbol{X}_i$ 距离最近的输入向量，并把它们对应的输出进行加权平均来获得新输入 $\boldsymbol{X}_i$ 对应的输出 Y_i 的预测值。这 K 个与 $\boldsymbol{X}_i$ 距离最近的输入向量称为"K 最近邻"。最简单的加权方法为算数平均法，即如果搜索到的 K 个最近邻的索引为 $i_1, i_2, \cdots, i_K$，则预测的输出 $\hat{Y}_i$ 为

$$\hat{Y}_i = \frac{1}{K} \sum_{j=1}^{K} Y_{i_j} \tag{2.26}$$

搜索 K 个最近邻时用于衡量输入向量相互间距离的标准有多种选择[147]，其中欧式距离最为常用。对于两个向量 $\boldsymbol{U} = (u_1, u_2, \cdots, u_m)^{\mathrm{T}}$ 和 $\boldsymbol{V} = (v_1, v_2, \cdots, v_m)^{\mathrm{T}}$，$m$ 为向量的维数，两向量间的欧氏距离 $d_{U,V}$ 定义为

$$d_{U,V} = \sqrt{\sum_{i=1}^{m} (u_i - v_i)^2} \tag{2.27}$$

通常，距新输入向量距离越近的最近邻与新输入向量有更大的关联性，故计算预测输出 $\hat{Y}_i$ 时需要考虑距离的影响，因此，本书中 $\hat{Y}_i$ 按照式（2.28）计算：

$$\hat{Y}_i = \sum_{j=1}^{K} Y_{i_j} \exp(-d_{x_i, x_{i_j}}) / \sum_{j=1}^{K} \exp(-d_{x_i, x_{i_j}}) \tag{2.28}$$

KNN 算法只有一个参数需要率定，即最近邻数 K，一般通过交叉验证法确定。本书中，K 值通过留一交叉验证法确定。留一交叉验证法计算流程如下：假设有 n 个实测输入输出样本对和一个 K 值，实测样本对中的每一个样本分别作为测试集，其余 $n-1$ 个样本作为训练集。K 个最近邻从训练集中选取，然后基于 K 值、K 个最近邻和新输入向量 X_i 计算预测值 $\hat{Y}_i$，并记录预测误差。当实测样本对中每个样本都被预测过一次后，记录下所有预测误差的平方和。调整 K 值，选取具有最小预测误差平方和的 K 值作为最优值。

2.3.5 PBK 模型

本节提出了 PBK 模型，PBK 模型是一种通用的耦合型数据驱动模型，可以对系统输入输出进行高精度模拟。该模型由基于偏互信息的输入变量选择、基于新型集成神经网络模型的预报输出预测和基于 K 最近邻算法的预报误差预测耦合而成。PBK 模型通过 EBPNN 模型，根据输入向量计算对应的预报输出，通过 K 最近邻算法，根据输入向量计算对应的预报误差，最后将预报输出与预报误差相加得到模拟输出，其建模方式如下

$$X_t^{(S)} = IVS(X_t) \tag{2.29}$$

$$O_t^{(FOC)} = F_{EBPNN}(X_t^{(S)}) \tag{2.30}$$

$$E_t^{(FOC)} = F_{KNN}(X_t^{(S)}) \tag{2.31}$$

$$O_t^{(SIM)} = O_t^{(FOC)} + E_t^{(FOC)} \tag{2.32}$$

式中：X_t 表示 t 时刻候选输入向量；IVS 表示候选输入向量的基于偏互信息的输入变量选择；$X_t^{(S)}$ 表示 t 时刻最优输入向量；$O_t^{(FOC)}$ 表示 t 时刻预报输出；$E_t^{(FOC)}$ 表示 t 时刻预报误差；$O_t^{(SIM)}$ 表示 t 时刻模拟输出，即 t 时刻 PBK 模型的模拟结果；F_{EBPNN} 为 EBPNN 预报输出预测；F_{KNN} 为 KNN 预报误差预测。

2.4 基于数据驱动模型的降雨—径流模拟建模方式

2.4.1 传统实时校正建模方式

以往大多数文献中，数据驱动模型的输入向量均由实测前期流量和降雨量

组成，因为实测前期流量属于实时信息，故这种建模方式称为实时校正模式。
实时校正神经网络模型建模方式为

$$\boldsymbol{X}_t = (\boldsymbol{X}_t^{(Q\_OBS)}, \boldsymbol{X}_t^{(SWCR)})^T \tag{2.33}$$

$$\boldsymbol{X}_t^{(Q\_OBS)} = (Q_{t-1}^{(OBS)}, Q_{t-2}^{(OBS)}, \cdots, Q_{t-n_Q}^{(OBS)})^T \tag{2.34}$$

$$\boldsymbol{X}_t^{(SWCR)} = (SWCRs_t^{(1)}, SWCRs_t^{(2)}, \cdots, SWCRs_t^{(n_P)})^T \tag{2.35}$$

$$\boldsymbol{X}_t^{(S)} = [IVS_{Q\_OBS}(\boldsymbol{X}_t^{(Q\_OBS)}), IVS_{SWCR}(\boldsymbol{X}_t^{(SWCR)})]^T \tag{2.36}$$

$$Q_t^{(FOC)} = F_{EBPNN}(\boldsymbol{X}_t^{(S)}) \tag{2.37}$$

式中：$Q_t^{(FOC)}$ 表示 t 时刻预报出流量；F_{EBPNN} 表示 EBPNN 模型。

2.4.2 传统非实时校正建模方式——PB＿R 和 PB＿DR 模型

2.4.2.1 PB＿R 模型

仅使用降雨量作为模型输入的非实时校正神经网络模型命名为 PB＿R 模型（PMI-based input variable selection，EPBNN-based discharge forecasting，with only rainfall as input，基于偏互信息的输入变量选择，基于新型集成神经网络的出流量预测，仅使用降雨量输入）。PB＿R 模型建模方式为

$$\boldsymbol{X}_t = \boldsymbol{X}_t^{(SWCR)} = (SWCRs_t^{(1)}, SWCRs_t^{(2)}, \cdots, SWCRs_t^{(n_P)})^T \tag{2.38}$$

$$\boldsymbol{X}_t^{(S)} = IVS_{SWCR}(\boldsymbol{X}_t^{(SWCR)}) \tag{2.39}$$

$$Q_t^{(FOC)} = F_{EBPNN}(\boldsymbol{X}_t^{(S)}) \tag{2.40}$$

式中：F_{EBPNN} 表示 EBPNN 出流量预测。

对于单场次洪，为了求出 t 时刻的预报出流量 $Q_t^{(FOC)}$，PB＿R 模型的非实时校正模拟过程如下：①根据公式（2.38）生成 $\boldsymbol{X}_t^{(SWCR)}$，生成 $\boldsymbol{X}_t^{(SWCR)}$ 时，需要用到 P_t，P_{t-1}，$\cdots$，P_{t-n_P+1}。注意到当 $t \leqslant n_P - 1$ 时，P_t，P_{t-1}，$\cdots$，P_{t-n_P+1} 中的一些值是不存在的（如：假设 $t = n_P - 1$，因为 $t - n_P + 1 = 0$，则 P_{t-n_P+1} 为 P_0，而 P_0 不存在），故这些不存在的数值使用零值替代；② $\boldsymbol{X}_t^{(SWCR)}$ 生成后，根据公式（2.39）求出最优输入向量 $\boldsymbol{X}_t^{(S)}$；③根据公式（2.40）计算 $Q_t^{(FOC)}$。以上计算过程从 $t=1$ 迭代至 $t=T$（T 为单场次洪的数据个数），所有迭代完成后就实现了非实时校正模拟。

2.4.2.2 PB＿DR 模型

使用预报前期流量和降雨量作为模型输入的非实时校正神经网络模型命名为 PB＿DR 模型（PMI-based input variable selection，EPBNN-based discharge forecasting，with forecasted antecedent discharge and rainfall as inputs，基于偏互信息的输入变量选择，基于新型集成神经网络的出流量预测，使用预报前期流量和降雨量输入）。PB＿DR 模型建模方式为

$$\boldsymbol{X}_t = (\boldsymbol{X}_t^{(Q\_FOC)}, \boldsymbol{X}_t^{(SWCR)})^T \tag{2.41}$$

$$\boldsymbol{X}_t^{(Q\_FOC)} = (Q_{t-1}^{(FOC)}, Q_{t-2}^{(FOC)}, \cdots, Q_{t-n_Q}^{(FOC)})^T \tag{2.42}$$

$$\boldsymbol{X}_t^{(SWCR)} = (SWCRs_t^{(1)}, SWCRs_t^{(2)}, \cdots, SWCRs_t^{(n_P)})^T \tag{2.43}$$

$$\boldsymbol{X}_t^{(S)} = \left[IVS_{Q\_FOC}(\boldsymbol{X}_t^{(Q\_FOC)}), IVS_{SWCR}(\boldsymbol{X}_t^{(SWCR)})\right]^T \tag{2.44}$$

$$Q_t^{(FOC)} = F_{EBPNN}(\boldsymbol{X}_t^{(S)}) \tag{2.45}$$

式中：$\boldsymbol{X}_t^{(Q\_FOC)}$ 表示 t 时刻预报前期流量候选输入向量；IVS_{Q_FOC} 表示预报前期流量候选输入向量的基于偏互信息的输入变量选择；$IVS_{Q\_FOC}(\boldsymbol{X}_t^{(Q\_FOC)})$ 表示 t 时刻预报前期流量最优输入向量。

对于单场次洪，为了求出 t 时刻的预报出流量 $Q_t^{(FOC)}$，PB_DR 模型的非实时校正模拟过程如下：①根据公式（2.42）和公式（2.43）生成 $\boldsymbol{X}_t^{(Q\_FOC)}$ 和 $\boldsymbol{X}_t^{(SWCR)}$，生成 $\boldsymbol{X}_t^{(Q\_FOC)}$ 时，需要用到 $Q_{t-1}^{(FOC)}, Q_{t-2}^{(FOC)}, \cdots, Q_{t-n_Q}^{(FOC)}$。注意到当 $t \leqslant n_Q$ 时，$Q_{t-1}^{(FOC)}, Q_{t-2}^{(FOC)}, \cdots, Q_{t-n_Q}^{(FOC)}$ 中的一些值是不存在的［如：假设 $t = n_Q$，因为 $t - n_Q = 0$，则 $Q_{t-n_Q}^{(FOC)}$ 为 $Q_0^{(FOC)}$，而 $Q_0^{(FOC)}$ 不存在］，故这些不存在的值使用初始流量值替代。除了这些不存在的值，其他预报前期流量均由 PB_DR 模型在之前的迭代步算得；② $\boldsymbol{X}_t^{(Q\_FOC)}$ 和 $\boldsymbol{X}_t^{(SWCR)}$ 生成后，根据公式（2.44）求出最优输入向量 $\boldsymbol{X}_t^{(S)}$；③根据公式（2.45）计算 $Q_t^{(FOC)}$。以上计算过程从 $t = 1$ 迭代至 $t = T$（T 为单场次洪的数据个数），所有迭代完成后就实现了非实时校正模拟。

2.4.3　新型非实时校正建模方式——PBK 模型

使用模拟前期流量和降雨量作为模型输入的非实时校正神经网络模型命名为 PBK 模型（PMI-based input variable selection, EPBNN-based discharge forecasting and K-nearest neighbor based discharge error forecasting，基于偏互信息的输入变量选择，基于新型集成神经网络的出流量预测和基于 K 最近邻算法的出流量误差预测）。PBK 模型建模方式为

$$\boldsymbol{X}_t = (\boldsymbol{X}_t^{(Q\_SIM)}, \boldsymbol{X}_t^{(SWCR)})^T \tag{2.46}$$

$$\boldsymbol{X}_t^{(Q\_SIM)} = (Q_{t-1}^{(SIM)}, Q_{t-2}^{(SIM)}, \cdots, Q_{t-n_Q}^{(SIM)})^T \tag{2.47}$$

$$\boldsymbol{X}_t^{(SWCR)} = (SWCRs_t^{(1)}, SWCRs_t^{(2)}, \cdots, SWCRs_t^{(n_P)})^T \tag{2.48}$$

$$\boldsymbol{X}_t^{(S)} = \left[IVS_{Q\_SIM}(\boldsymbol{X}_t^{(Q\_SIM)}), IVS_{SWCR}(\boldsymbol{X}_t^{(SWCR)})\right]^T \tag{2.49}$$

$$Q_t^{(FOC)} = F_{EBPNN}(\boldsymbol{X}_t^{(S)}) \tag{2.50}$$

$$E_t^{(FOC)} = F_{KNN}(\boldsymbol{X}_t^{(S)}) \tag{2.51}$$

$$Q_t^{(SIM)} = Q_t^{(FOC)} + E_t^{(FOC)} \tag{2.52}$$

式中：$\boldsymbol{X}_t^{(Q\_SIM)}$ 表示 t 时刻模拟前期流量候选输入向量；$Q_{t-i}^{(SIM)}$ 表示 $t-i$ 时刻模拟前期流量，$i = 1, 2, \cdots, n_Q$；IVS_{Q_SIM} 表示模拟前期流量候选输入向量的基于

偏互信息的输入变量选择；$IVS_{Q\_SIM}(\boldsymbol{X}_t^{(Q\_SIM)})$ 表示 t 时刻模拟前期流量最优输入向量；$Q_t^{(FOC)}$ 表示 t 时刻预报出流量；$E_t^{(FOC)}$ 表示 t 时刻出流量误差；$Q_t^{(SIM)}$ 表示 t 时刻模拟出流量，即 t 时刻 PBK 模型的模拟结果；F_{EBPNN} 为 EBPNN 出流量预测；F_{KNN} 为 KNN 出流量误差预测。

对于单场次洪，为了求出 t 时刻的模拟出流量 $Q_t^{(SIM)}$，PBK 模型的非实时校正模拟过程如下：①根据公式（2.47）和公式（2.48）生成 $\boldsymbol{X}_t^{(Q\_SIM)}$ 和 $\boldsymbol{X}_t^{(SWCR)}$，生成 $\boldsymbol{X}_t^{(Q\_SIM)}$ 时，需要用到 $Q_{t-1}^{(SIM)}, Q_{t-2}^{(SIM)}, \cdots, Q_{t-n_Q}^{(SIM)}$。注意到当 $t \leqslant n_Q$ 时，$Q_{t-1}^{(SIM)}$，$Q_{t-2}^{(SIM)}, \cdots, Q_{t-n_Q}^{(SIM)}$ 中的一些值是不存在的 [如：假设 $t = n_Q$，因为 $t - n_Q = 0$，则 $Q_{t-n_Q}^{(SIM)}$ 为 $Q_0^{(SIM)}$，而 $Q_0^{(SIM)}$ 不存在]，故这些不存在的值使用初始流量值替代。除了这些不存在的值，其他模拟前期流量均由 PBK 模型在之前的迭代步算得；② $\boldsymbol{X}_t^{(Q\_SIM)}$ 和 $\boldsymbol{X}_t^{(SWCR)}$ 生成后，根据公式（2.49）求出最优输入向量 $\boldsymbol{X}_t^{(S)}$；③根据公式（2.50）和公式（2.51）计算 $Q_t^{(FOC)}$ 和 $E_t^{(FOC)}$；④根据公式（2.52）计算 $Q_t^{(SIM)}$。以上计算过程从 $t=1$ 迭代至 $t=T$（T 为单场次洪的数据个数），所有迭代完成后就实现了非实时校正模拟。

2.5　小结

为了使数据驱动模型能够实现降雨—径流过程的高精度连续模拟，本章在系统归纳总结国内外现有降雨—径流模拟理论与方法的基础上提出了新型数据驱动模型（基于偏互信息的输入变量选择、基于新型集成神经网络模型的出流量预测和基于 K 最近邻算法的出流量误差预测——PBK 模型）。本章还系统归纳总结了另外两种非实时校正模式建模方式——PB_R 和 PB_DR 模型，用于与 PBK 模型进行比较应用。PBK 模型有以下创新性：

（1）提出了基于滑窗累积雨量的降雨量候选输入向量及输入变量的分裂选择策略，并与基于偏互信息的输入变量选择方法联合使用，确保了输入信息的充足性和无冗余性，为建立精度高、泛化能力强的高质量数据驱动模型打下坚实基础。

（2）提出了新型集成神经网络模型——EBPNN 模型，EBPNN 模型在模拟精度和网络复杂度间取得了良好折衷，精度高、泛化能力强。

（3）PBK 模型不需要实时信息（如：预报时刻之前的实测出流量），能够进行多步外推预报，实现了非实时校正模式下的高精度连续模拟，增长了数据驱动模型的预见期。

（4）PBK 模型不需要进行流域状态变量（如：土壤湿度等）的计算，仅需初始出流量就可进行出流量的连续模拟。

第3章 半数据驱动模型

3.1 概述

半数据驱动模型是一类介于概念性模型与数据驱动模型之间的水文模型。半数据驱动模型由概念性或经验性产流方案（如 P＋Pa 产流模型、经验产流公式）与数据驱动汇流方案（如单位线汇流模型）耦合而成。概念性或经验性产流方案具有物理意义，能够反映流域特性，数据驱动汇流方案精度高，使用简便。常见的半数据驱动模型有 CLS 模型、P＋Pa＋单位线预报方法和 IHACRES 模型等。半数据驱动模型是一种较为成功的耦合型降雨—径流模型，一些优秀的半数据驱动模型（如：IHACRES 模型）可以在模型参数与流域遥感资料间建立一定的关系，使得这类模型在无资料地区的应用成为可能，拓展了模型的使用范围。因此，对半数据驱动模型进行深入研究和改进意义重大。

本章首先介绍了两个半数据驱动模型——CLS 模型和 IHACRES 模型，并对 IHACRES 模型进行了两项改进：①将 IHACRES 模型用于计算时段长为 1h 的次洪降雨—径流模拟，对次洪模型参数的尺度进行了转换；②对模型的汇流计算模块进行了改进，提出了基于 λ 单位线的流量比率计算方法，更加合理地进行径流成分的划分，能够考虑到汇流过程的非线性影响，提高了模拟精度。最后，本章提出了一种新型半数据驱动模型——XPBK 模型。第 2 章对传统神经网络模型进行了改进，提出了 PBK 模型，因为 PBK 模型能够实现非实时校正模式下的高精度连续模拟，这使得概念性模型和数据驱动模型的耦合成为了可能，故本章将 PBK 模型用于流域汇流计算，即将新安江模型的产流计算模块与 PBK 汇流计算模块耦合起来构成 XPBK 模型，XPBK 模型具有概念性模型物理概念清晰和数据驱动模型精度高易率定的优势，达到了优势互补的目的。

3.2 CLS 模型

总径流响应（TLR）模型是一种非常流行的数据驱动降雨—径流模型，但该模型存在一些不足：其一，其物理意义有待增强，参数率定完全依靠数学方法；其二，数学方法优化得到的响应函数往往呈锯齿状并包含一些负值；其三，TLR 模型对于各场洪水基于一个平均径流系数进行产汇流计算，精度不高。当资料不充足时，TLR 模型优化出的响应函数将包含很大的不确定性，并可能无法满足水量平衡关系。由 Natale 和 Todini 提出的约束线性系统（CLS）模型是 TLR 模型的改进版，添加了非负响应函数和总水量平衡两个约束条件，此外，为了考虑雨强对产汇流过程的影响，CLS 模型依照不同的阈值将降雨量划分为几个部分，各部分分别用不同的响应函数进行产汇流计算，这些改进使 CLS 模型不再是仅基于数学方法的数据驱动模型，而是具有了一定的物理意义，成为了半数据驱动模型。本章使用的 CLS 模型原理如下，具有三个输入的离散线性系统可表示为

$$Q = HU + \varepsilon \tag{3.1}$$

$$Q = (q_1, q_2, \cdots, q_m)^{\mathrm{T}} \tag{3.2}$$

$$U = (U_1, U_2, U_3)^{\mathrm{T}}, \quad U_j = (u_1, u_2, \cdots, u_{k_j})^{\mathrm{T}}, j = 1, 2, 3 \tag{3.3}$$

$$H = (H_1, H_2, H_3), H_j = \begin{pmatrix} p_1^{(j)} & & \\ p_2^{(j)} & p_1^{(j)} & p_1^{(j)} \\ \vdots & \vdots & \vdots \\ p_{m-1}^{(j)} & p_{m-2}^{(j)} & p_{m-k_j}^{(j)} \\ p_m^{(j)} & p_{m-1}^{(j)} & p_{m-k_j+1}^{(j)} \end{pmatrix}, j = 1, 2, 3 \tag{3.4}$$

$$\varepsilon = (\varepsilon_1, \varepsilon_2, \cdots, \varepsilon_m)^{\mathrm{T}} \tag{3.5}$$

式中：m 为样本个数；Q 表示出流量向量；U 表示响应函数，U_j 表示第 j 个子响应函数，k_j 表示 U_j 中坐标的个数，即 U_j 的宽度，$j = 1$，2，3；H 为输入矩阵，H_j 表示第 j 个子输入矩阵，$p_i^{(j)}$ 表示 i 时刻 H_j 中的元素，为了实现非实时校正模拟，H 中不包含前期流量，即 $p_i^{(j)}$ 为降雨量；ε 表示噪声向量。根据两个阈值 T_1 和 T_2，降雨被分别划分为三类，各类对应一个子输入矩阵 H_j

$$T_1 = (P_{\min} + P_{\max})/2 \tag{3.6}$$

$$T_2 = (T_1 + P_{\max})/2 \tag{3.7}$$

式中：$P_{\min}$ 和 $P_{\max}$ 分别为降雨量最小值和最大值。

H_1 中的元素 $p_i^{(1)}$ 的确定方法为：如果 $P_i < T_1$，则 $p_i^{(1)} = P_i$，否则 $p_i^{(1)} = 0$。H_2 中的元素 $p_i^{(2)}$ 的确定方法为：如果 $T_1 \leqslant P_i < T_2$，则 $p_i^{(2)} = P_i$，否则 $p_i^{(2)} = 0$。H_3 中的元素 $p_i^{(3)}$ 的确定方法为：如果 $P_i \geqslant T_2$，则 $p_i^{(3)} = P_i$，否则 $p_i^{(3)} = 0$。式中，P_i 为 i 时刻降雨量，$i = 1$，2，$\cdots$，m。具有两个阈值的 CLS 模型计算流程图见图 3.1。

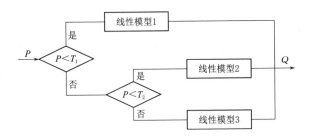

图 3.1　具有两个阈值的 CLS 模型计算流程图

3.3　IHACRES 模型

3.3.1　IHACRES 模型框架

IHACRES 是 Identification of unit Hydrographs And Component flows from Rainfall Evapotranspiration and Streamflow data 的缩写，即由降雨、蒸散发和径流资料识别单位线和各径流成分。IHACRES 模型由 Jakeman 于 1990 年首次提出，是一个集总式降雨—径流模型，由概念性产流模块与数据驱动汇流模块串联而成，概念性产流模块用于处理非线性关系，由降雨量和蒸散发量（或温度）计算有效降雨量；数据驱动汇流模块用于处理线性关系，将有效降雨量转换为总出流量[148]，见图 3.2。传统的 IHACRES 模型基于面平均降雨量和潜在蒸散发量（或温度资料）对流域出口流量过程进行模拟。通常情况下，IHACRES 模型进行日径流过程的模拟，也可进行月和年径流模拟。IHACRES 模型框架由两部分构成：①土壤湿度计算模块；②单位线汇流计算模块。土壤湿度计算模块根据降雨量和温度资料进行有效降雨量的计算。有效降雨量指扣除蒸散发等影响后能够到达流域出口形成出流量的降雨量。汇流计算模块将有效降雨量转换为出流量，反映了洪峰响应和退水过程。汇流计算模块通常采用线性转换关系，如消退比率为一常数的单一指数消退曲线。

图 3.2　IHARCRES 模型结构图

本书在深入研究 IHACRES 模型产汇流计算方法的基础上对 IHACRES 模型进行了两项改进：第一，将 IHACRES 模型用于计算时段长为一小时的次洪降雨—径流模拟，对次洪模型参数尺度进行了转换；第二，对模型的汇流计算模块进行改进，提出了基于 λ 单位线的流量比率计算方法，更加合理地进行径流成分的划分，考虑了汇流过程的非线性影响，提高了模拟精度。

3.3.2　基于流域湿度指数（CWI）的有效降雨量计算模块

IHACRES 模型有效降雨量计算模型的最初版本由 Jakeman 等于 1990 年首次提出，这一版本基于 Whitehead 等的 Bedford – Ouse 模型，涉及前期雨量指数的计算。Jakeman 和 Hornberger 于 1993 年提出了物理机制更强的有效降雨量计算模型——基于流域湿度指数（Catchment Wetness Index，CWI）的版本。该版本被认为是经典的 IHACRES 模型。Ye 等[149] 于 1997 年对这一版本进行了扩展，针对季节性河流进行了特殊处理，添加了阈值参数，这一改进也使模型率定变得更为简便。基于 CWI 的有效降雨量计算模型是概念性模型[150]，该模型认为降雨产生的径流量与土壤湿度指数具有指数比例关系，并且通过出流量的标准化来确保水量平衡。

IHACRES 模型认为，各计算时段的有效降雨量 U 与降雨量 P 和土壤湿度指数 s 成比例

$$U_t = c s_t P_t \quad (U_t \geqslant 0) \tag{3.8}$$

式中：c 为水量平衡参数。对于季节性河流，再添加两个参数 l 和 p：

$$U_t = [c(s_t - l)]^p P_t \quad (U_t \geqslant 0) \tag{3.9}$$

式中：l 为产流计算中的湿度阈值；p 为土壤湿度指数的幂次。土壤湿度指数 s 按照式（3.10）计算：

$$s_t = (1 - 1/\tau_{\omega,t}) s_{t-1} + P_t \quad (s_t \geqslant 0) \tag{3.10}$$

式中：$1/\tau_{\omega,t}$ 为干燥率，干燥率指在一个计算时段中土壤湿度的损失比率。如果干燥率取常数，则干燥过程为一指数变化过程，这时干燥率由参数 τ_ω 给出：

$$\tau_{\omega,t} = \tau_\omega \tag{3.11}$$

如果干燥率采用变数，则可由式（3.12）求得：

$$\tau_{\omega,t} = \tau_\omega \exp[-0.062 f(E_t - T_{\text{ref}})] \tag{3.12}$$

当 E 为蒸散发资料时，参照温度 T_{ref} 设为 3；当 E 为温度资料时，参照温度 T_{ref} 设为 20。参数 τ_ω 给出了参照温度为 T_{ref} 时的干燥率，参数 f 决定了温度和干燥率之间关系的紧密程度。图 3.3 给出了 CWI 计算模型中各参数间的关系。

3.3.3　基于流域湿度缺失量（CMD）的有效降雨量计算模块

基于流域湿度缺失量（Catchment Moisture Deficit，CMD）的有效降雨量计算模型由 Evans 和 Jakeman[151] 提出，并经 Croke 和 Jakeman[152] 改进，该模型为概

念性模型。降雨量被划分为径流、蒸散发和流域含水量的改变量。流域湿度缺失量 M 反映了流域的干湿程度，即表示流域达到蓄满状态所需要的水量（当流域蓄满时，$M=0$）。M 的单位和降雨量单位相同，一般为 mm。水量平衡方程为

$$M[t]=M[t-1]-P[t]+E_T[t]+U[t] \qquad (3.13)$$

式中：M 的下限为 0；P 为流域面平均降雨；E_T 为蒸散发；U 为径流量（即有效降雨）。降雨效率（即：成为径流的降雨占所有降雨的比率）为 CMD 的函数，在 $M=d$ 时达到其阈值，d 在产流计算中被称为 CMD 阈值。

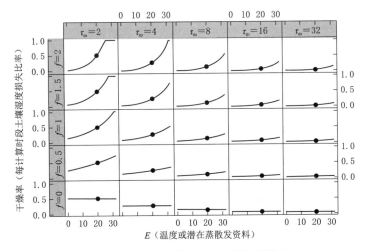

图 3.3　CWI 计算模型中各参数间的关系

注　参照温度为 $20°$，图中圆点处为参照温度对应的点。

$$\frac{\mathrm{d}U}{\mathrm{d}P}=1-\min(1,M/d) \qquad (3.14)$$

各计算时段的降雨实际产生的径流量为式（3.14）的积分，示意图见图 3.4。

蒸散发（潜在蒸散发 $E[t]$ 的一部分）与 CMD 之间也存在函数关系，在 $M=fd$ 时达到阈值，示意图见图 3.5，函数关系见公式（3.15）。参数 f 是压力阈值（注意：此处的 f 与 CWI 模型中的 f 不同），其值与流量阈值 d 成比例，这是为了降低各参数间的协方差。参数 e 为温度与潜在蒸散发量间的转换系数。

$$E_T[t]=eE[t]\min\left\{1,\exp\left[2\left(1-\frac{M_f}{fd}\right)\right]\right\} \qquad (3.15)$$

3.3.4　单位线汇流计算模块

传统 IHACRES 模型的汇流计算是基于单位线的，通常采用 ARMAX（自回归滑动平均，附加其他影响因子）模型，输入序列为 U，输出序列为 X，汇

流计算公式为

$$X[t] = a_1 X[t-1] + \cdots + a_n X[t-n] + \\ b_0 U[t-\delta] + \cdots + b_m U[t-m-\delta] \tag{3.16}$$

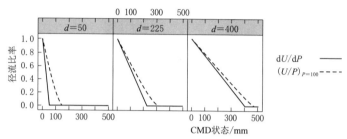

图 3.4　CMD 模型中的产流函数关系

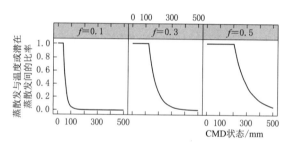

图 3.5　CMD 模型中的蒸散发函数关系

（此处阈值参数 d 固定为 400）

式（3.16）的阶数为（n，m），滞时为 δ，参数个数为 $n+m+1$。AR-MAX 汇流模型的率定通常是从简单的一阶模型算起，尝试建立更加复杂的模型，检测复杂模型是否能够明显地提升精度。过于复杂的模型具有过多的参数，难以从实测资料准确估得模型参数，率定可能会不收敛，或收敛到一个无效的参数集。为了对 ARMAX 模型阶数进行系统的优化，采用递增法进行阶数的优选。例如，表 3.1 中展示的是 ARMAX 模型在 Queanbeyan 河应用时的率定过程。表 3.1 中显示，随着自回归滑动平均模型复杂度的增加，一般情况下，判定系数（R^2，r. squared）得到改进，但平均相对参数误差（$ARPE$，表示估得参数的可信度）却变差。为在模型结构和模拟精度间取得一个合理的折衷，采用 Young 信息准则（YIC）评价阶数优选的结果，YIC 由 R^2 和 $ARPE$ 共同算得，更多的负 YIC 值表示模型在模拟精度和模型复杂度间取得了更为合理的折衷[153]。表 3.1 中经对数转换后的 R^2（r. sq. log）不仅关注峰值模拟结果的好坏，而且能更加均衡地反映出不同大小量级流量模拟结果的好坏[154]。

表 3.1　　　　　Queanbeyan 河流域 1990—2000 年 ARMAX 模型阶数选择

模 型 阶 数	ARPE	r. squared	r. sq. log
($n=0$, $m=0$, $d=1$)	0.00	0.77	-1.84
($n=1$, $m=0$, $d=1$)	0.00	0.90	-0.90
($n=1$, $m=1$, $d=1$)	0.00	0.91	-0.36
($n=2$, $m=0$, $d=1$)	0.00	0.91	-0.70
($n=2$, $m=1$, $d=1$)	0.00	0.93	0.30
($n=2$, $m=2$, $d=1$)	0.00	0.93	0.63
($n=3$, $m=0$, $d=1$)	0.12	0.91	-0.51
($n=3$, $m=1$, $d=1$)	0.02	0.93	0.36
($n=3$, $m=2$, $d=1$)	0.00	0.93	0.71

除了 ARMAX 汇流模型，IHACRES 模型的汇流部分也可由一系列指数退水系统组成，这些系统可以为并联或串联结构。每个系统有两个参数，消退比率 α 和峰值响应 β，或等价的，时间常数 τ 和流量比率 v，在时间常数 τ 和流量比率 v 形式下的参数具有物理意义。两种形式间的转换关系为

$$\tau = -\Delta/[24\ln(\alpha)] \tag{3.17}$$

$$v = \beta/(1-\alpha) \tag{3.18}$$

式中：时间常数 τ 指流量消退到 $1/e \approx 37\%$ 所需的时段数；Δ 为计算时段长。如果出流量由两种径流成分并联而成，则这两种径流成分分别为慢速流（s）和快速流（q），则总出流量 X 为两者之和：

$$X_{t+L} = X_t^{(s)} + X_t^{(q)} \text{ 且} \quad \begin{aligned} X_t^{(s)} &= \alpha^{(s)} X_{t-1}^{(s)} + \beta^{(s)} U_t \\ X_t^{(q)} &= \alpha^{(q)} X_{t-1}^{(q)} + \beta^{(q)} U_t \end{aligned} \tag{3.19}$$

式中：L 为滞后时段数；$X_t^{(s)}$ 和 $X_t^{(q)}$ 分别表示 t 时刻的慢速流和快速流；$\alpha^{(s)}$ 和 $\alpha^{(q)}$ 分别表示慢速流和快速流的消退比率；$\beta^{(s)}$ 和 $\beta^{(q)}$ 分别表示慢速流和快速流的峰值响应。径流成分除了并联的组合形式外，还可以组成串联模式计算出流量

$$\begin{cases} X_t^{(s)} = \alpha^{(s)} X_{t-1}^{(s)} + \beta^{(s)} U_t \\ X_{t+L} = \alpha^{(q)} X_{t-1} + \beta^{(q)} X_t^{(s)} \end{cases} \tag{3.20}$$

3.3.5　λ 单位线汇流计算模块

单位线汇流计算模块的计算精度有时不够高，因为汇流系统在严格意义上不是线性系统，具有一定的非线性。不同大小量级的有效降雨量对应的汇流过程具有非线性的特征。本文提出了 λ 单位线汇流计算模块，该方法根据有效降雨量的量级大小来划分快速流和慢速流，即大雨量更易产生快速流，小雨量更

易产生慢速流，对应的计算公式如下：

$$v_t^{(s)} = v_0^{(s)} U_t^\lambda, 0 \leqslant v_t^{(s)} \leqslant 1$$
$$v_t^{(q)} = 1 - v_t^{(s)} \tag{3.21}$$

式中：$v_t^{(s)}$ 和 $v_t^{(q)}$ 分别表示 t 时刻慢速流和快速流比率；$v_0^{(s)}$ 为初始慢速流比率；λ 的范围是 $[-1, 0]$，$\lambda = 0$ 表示确定流量比率时不考虑有效降雨量的大小。

3.3.6　用于次洪降雨—径流模拟的 IHACRES 模型

IHACRES 模型通常用于计算时段长为日、月或年的降雨—径流模拟，本书将 IHACRES 模型用于计算时段长为 1h 的次洪降雨—径流模拟。次洪模拟中，每场洪水需要初始状态变量的值，这些初值通过连续运行日模型来获得。本书中的 IHACRES 模型由基于 CWI 的有效降雨量计算模块与并联式单位线汇流计算模块组合而成，为了提高汇流计算精度，对汇流计算模块进行了改进，提出了 λ 单位线法进行流量比率的确定。IHACRES 模型参数见表 3.2，因日模型和次洪模型时间尺度不同，日模型和次洪模型的参数 l 的范围有所不同，需要进行时间尺度的转换。

表 3.2　　　　　　　　　　　　IHACRES 模 型 参 数

参 数 名	参 数 意 义	参 数 范 围
l	土壤湿度阈值	$0 \sim 300$（日模型） $(0 \sim 300)\Delta/24, \Delta = 1h$（次洪模型）
p	土壤湿度指数的方次	$0 \sim 5$
τ_ω	参照温度时的干燥率	$0 \sim 100$
f	温度和干燥率间的关联度	$0 \sim 8$
$\tau^{(s)}$	慢速流消退到 $1/e$ 所需的时段数	$2 \sim 100$
$\tau^{(q)}$	快速流消退到 $1/e$ 所需的时段数	$0 \sim 5$
$v_0^{(s)}$	初始慢速流比率	$0 \sim 1$
λ	用来确定流量比率的有效降雨量的方次	$-1 \sim 0$
L	滞后时段数	$0 \sim 10$

3.4　XPBK 模型

3.4.1　研发耦合型降雨—径流模型的必要性

作业预报中常用的水文模型有概念性模型和数据驱动模型，它们各有所长。新安江模型是概念性模型，在我国得到了广泛应用和不断完善[155]，研究表明[156-158]，其蒸散发和产流计算模块方法成熟、精度高。流域汇流过程存在较大非线性[159]，水文模型的汇流参数十分敏感，进行人工调试时，经验因素对参数率定影响很大，不易找到全局最优模型参数。数据驱动模型具有精度高，率定方法客观，受经验因素影响较小的优势。但传统的数据驱动模型不进行土壤含水量的连续模拟，采用的是实时校正模式，难以实现非实时校正模式下的高精度连续模拟。以往文献关于新安江模型和数据驱动模型的报道多为单独使用，二者的耦合应用不多见，这是因为传统的数据驱动模型难以实现非实时校正模式下的高精度连续模拟，这一难题是二者耦合应用的障碍。

第 2 章提出的 PBK 模型是数据驱动模型[160-163]，具有强大的非线性模拟能力，能够实现高精度连续模拟，模型率定受经验因素影响较小。为了提高新安江模型的汇流计算精度、减少经验因素对汇流参数率定的影响，充分发挥 PBK 模型高精度连续模拟和易于使用的特长，将新安江产流计算模块（概念性模型）与 PBK 汇流计算模块（数据驱动模型）耦合起来，建立耦合型半数据驱动模型——XPBK（X：Xinanjiang，新安江产流计算模块；PBK，PBK 汇流计算模块）模型，并提出了模型率定方法。新安江产流计算模块由新安江模型的蒸散发和产流模块组成，用于产流量（包括透水和不透水面积上的）计算；PBK 汇流计算模块由 PBK 模型构成，用于汇流计算，可以进行非实时校正模式下的高精度连续模拟。PBK 汇流计算模块以模拟前期流量和新安江产流计算模块计算的产流量作为 PBK 模型的输入，出口断面流量作为 PBK 模型的输出，拟合汇流的非线性关系，代替新安江模型的分水源、线性水库及河道马法的汇流计算。

3.4.2　新安江产流计算模块

新安江产流计算模块[164] 基于新安江模型的蓄满产流概念进行产流量的计算，给定土壤含水量初值后，以降雨和蒸散发能力序列作为输入进行产流量的逐日（或逐小时）连续模拟，输出为透水和不透水面积上的产流量序列，将它们作为 PBK 汇流计算模块的输入的一部分。

3.4.3　PBK 汇流计算模块

PBK 汇流计算模块以模拟前期流量、透水和不透水面积上的产流量作为输入，输出为出口断面流量，其建模方式为

$$Q_t^{(\text{FOC})} = F_{\text{PBK}} \big[Q_{t-1}^{(\text{SIM})}, Q_{t-2}^{(\text{SIM})}, \cdots, Q_{t-n_Q}^{(\text{SIM})},$$
$$Q_t^{(\text{A})}, Q_{t-1}^{(\text{A})}, \cdots, Q_{t-n_\text{A}+1}^{(\text{A})}, Q_t^{(\text{B})}, Q_{t-1}^{(\text{B})}, \cdots, Q_{t-n_\text{B}+1}^{(\text{B})} \big] \tag{3.22}$$

式中：t 为时刻，$t=1$，2，$\cdots$，n，表示需要进行 n 个时段的计算；$Q_t^{(\text{FOC})}$ 为预报的 t 时刻出口断面流量；$Q_{t-i}^{(\text{SIM})}$ 为 $t-i$ 时刻的模拟前期流量，$i=1$，2，$\cdots$，n_Q，n_Q 为模拟前期流量的阶数；$Q_{t-j}^{(\text{A})}$ 和 $Q_{t-k}^{(\text{B})}$ 分别为新安江产流计算模块计算的

$t-j$ 时刻透水面积产流量和 $t-k$ 时刻不透水面积产流量，$j=0$，1，…，n_A-1，$k=0$，1，…，n_B-1，n_A 和 n_B 分别为透水和不透水面积产流量的阶数；F_{PBK} 为 PBK 模型（包括输入变量筛选和输入输出模拟）。

3.4.4　XPBK 模型结构

XPBK 模型以降雨和蒸散发能力序列作为输入，给定土壤含水量（包括上层、下层及深层）初值后，由新安江产流计算模块进行产流量的逐日（或逐小时）连续模拟，算得透水和不透水面积上的产流量序列，将它们作为 PBK 汇流计算模块的输入，依照公式（3.22）进行连续模拟，输出模拟的出口断面流量过程。模型结构见图 3.6，模型参数见表 3.3。

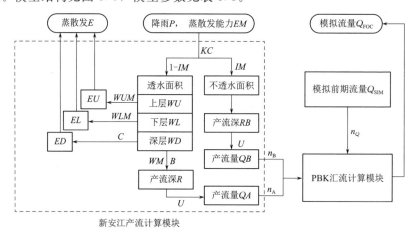

图 3.6　XPBK 模型结构

表 3.3　　　　　　　　　　　XPBK 模 型 参 数

参 数 名	参 数 意 义	范 围 和 单 位
K	蒸散发折算系数	0.1～1.5（—）
B	流域蓄水容量分布曲线指数	0.1～0.9（—）
C	深层散发系数	0.1～0.3（—）
WUM	上层张力水容量	5～20（mm）
WLM	下层张力水容量	60～90（mm）
WDM	深层张力水容量	15～190（mm）
IM	不透水面积比例	0.01～0.05（—）
n_Q	模拟前期流量的阶数	1～24（—）
n_A	透水面积产流量的阶数	1～24（—）
n_B	不透水面积产流量的阶数	1～24（—）

3.5   小结

本章介绍了半数据驱动模型的概念和构建半数据驱动模型的重要意义，介绍了两个半数据驱动模型——CLS 模型和 IHACRES 模型。本章对 IHACRES 模型进行了改进，此外，基于第 2 章提出的 PBK 模型，建立了 PBK 汇流计算模块，并将新安江模型的产流模块与 PBK 汇流计算模块耦合起来，提出了新型半数据驱动模型——XPBK 模型。提出的改进方法和新模型具有以下创新性：

（1）对 IHACRES 模型进行了两项改进：第一，将 IHACRES 模型用于计算时段长为 1h 的次洪降雨—径流模拟，对次洪模型参数的尺度进行了转换；第二，对模型的汇流计算模块进行了改进，提出了基于 λ 单位线的流量比率计算方法，更加合理地进行径流成分的划分，能够考虑到汇流过程的非线性影响，提高了模拟精度。

（2）PBK 模型能够实现非实时校正模式下的高精度连续模拟，将 PBK 模型用于流域汇流计算，即将新安江模型的产流计算模块与 PBK 汇流计算模块耦合起来构成 XPBK 模型，XPBK 模型具有概念性模型物理概念清晰和数据驱动模型精度高易率定的优势，达到了取长补短的目的。

第4章 模型率定方法

4.1 概述

水文模型模拟结果的好坏不仅与模型结构、资料质量等有关，还与模型率定方法密切相关。好的模型结构需要辅以合理高效的模型率定方法才能充分发挥模型的模拟能力和预报能力。随着计算机科学和应用数学的发展，用于流域水文模型的参数优化研究也随之蓬勃发展起来。模型参数的率定有人工试错法和自动优化法。人工试错法率定模型参数，即根据实测与模拟的过程，主观地评估模拟结果，挑选模拟效果较好的一组模型参数值作为优选的参数值，这样确定的参数，可能不是最优的模型参数，并且这种方法调试时间长，参数的率定因人而异，在很大程度上依赖调试人员的经验，增加了模型的不确定性。随着计算机技术的发展和人们对数学方法的进一步应用，模型参数自动优化方法逐渐发展起来，这一类方法是根据数学优化准则，通过自动寻优计算，确定参数的最优值，只要事先给出优化准则和参数初始值，就能自动完成整个寻优过程，因此，具有寻优速度快、寻优结果客观等优点。

应用于模型参数自动优化的方法很多，主要包括局部优化方法和全局优化方法两类，其根本区别在于能否搜索到全局最优参数值。局部优化方法属于单点迭代法，由于受初始值的影响，对于多峰函数很难搜索到全局最优参数值，而全局优化方法具有参数空间内随机取样的功能，因此较易搜索到全局最优参数值。概念性水文模型的参数分为物理参数与过程参数两类。物理参数代表着流域可以测量的物理特性，如流域面积。过程参数代表着流域不能直接测量的物理特性，过程参数必须进行率定。对于传统的概念性水文模型而言，模型参数的确定方法主要是根据流域出口点实测的出流过程进行人工率定或者采取自动优化的方法，如 SCE - UA 算法优化与单纯形法优化等。数据驱动模型的参数没有物理意义，通常由数学优化方法进行自动优化，参数优化结果较为稳定客观。半数据驱动模型的概念性部分的参数具有物理意义，数据驱动部分的参数没有物理意义。因此，半数据驱动模型参数的优化问题比概念性模型和数据驱动模型更加复杂，需要同时确定这两类参数的最优值。

本章对四个数据驱动模型（EBPNN、PB_R、PB_DR 和 PBK 模型）、三个半数据驱动模型（CLS、IHACRES 和 XPBK 模型）和一个概念性模型（新安江模型）进行了分析，结合当前较为前沿的水文模型参数优化技术，提出了它们的率定方法。本章对水文模型参数优化领域广泛使用的全局优化算法——SCE - UA 算法进行了介绍，对用于神经网络模型优化的进化多目标算法和神经网络模型拓扑结构和网络参数优化方法的研究进展进行了回顾。本书主要研究次洪降雨—径流模拟，因此，所有模型的率定工作主要针对次洪模型。次洪水资料按照洪水场次划分为率定期和检验期两部分，大约 70% 场洪水资料作为率定期洪水，其余洪水作为检验期洪水。率定期洪水用于模型的率定，检验期洪水用于检验模型模拟结果的好坏及模型预报能力（泛化能力）的强弱。

4.2　SCE - UA 算法

4.2.1　算法原理

SCE - UA 算法是水文模型参数率定中较为常用的全局优化算法。该算法由以下四个部分组合而成：①确定性方法和随机性方法的组合；②由参数空间中的点组成复合形，复合形向全局最优进化；③竞争进化；④复合形混合。前三个部分由以往研究提出的方法改进而来，最后一个概念由 Duan[165-166] 和 Sorooshian 提出。四个部分组合而成的 SCE - UA 算法具有很好的有效性、健壮性、灵活性和计算效率。接下来对 SCE - UA 算法的计算流程进行简要介绍。

（1）生成样本点。在参数可行空间内随机生成 s 个样本点，计算每个样本点的目标函数值。由于事先对于全局最优点的分布不了解，故生成的初始样本点服从均匀分布。

（2）样本点排序。将 s 个样本点按照目标函数值升序排列，即第一个样本点具有最小目标函数值，最后一个样本点具有最大目标函数值（假定优化的目的是对目标函数最小化）。

（3）划分复合形。将排序后的 s 个样本点划分到 p 个复合形中，每个复合形包含 m 个样本点。按照如下的方法划分复合形：第一个复合形由第 $p(k-1)+1$ 个样本点组成，第二个复合形由第 $p(k-1)+2$ 个样本点组成，以此类推，$k=1, 2, \cdots, m$。

（4）进化每个复合形。由竞争进化算法进化每个复合形。

（5）混合复合形。将进化完成的复合形中的点混合，组成一个种群。将种群中的样本点按照目标函数值升序排列。将种群中的样本点按照步骤（3）中的方法划分成 p 个复合形。

（6）检测是否收敛。如果满足收敛准则，则算法停止；否则，继续。

随机生成的初始样本点保证了对全局最优点无偏的估计。复合形划分使算法能够在可行空间内进行更广泛而充分的搜索，能够处理多极值问题。复合形混合保证各子种群进化所得到的信息能够被充分共享。

步骤（4）中的复合形进化算法是基于 Nelder 和 Mead 的单纯形算法改进而来的，其计算步骤简介如下：

（1）根据三角形分布从复合形中随机选取 q 个样本点构成子复合形。三角形分布能够保证最优点（即具有最小目标函数值的样本点）被选入子复合形的概率最大，最差点被选入子复合形的概率最小。

（2）找到子复合形中的最差点，计算除掉最差点之外其余点的形心。

（3）进行反射试算，即求出最差点关于形心的反射点。如果反射点在可行空间内，转第（4）步；否则，在可行空间内随机生成一个样本点并转第（6）步。

（4）如果新生成的随机点比最差点好，用新点代替最差点。转第（7）步。否则，转第（5）步。

（5）进行收缩试算，即求形心和最差点的中点。如果收缩点比最差点好，用收缩点代替最差点并转第（7）步。否则，转第（6）步。

（6）在可行空间内随机生成一个样本点，用该样本点代替最差点。

（7）重复（2）～（6）步 α 次，这里 $\alpha \geq 1$。

（8）重复（1）～（7）步 β 次，这里 $\beta \geq 1$。

复合形进化算法中，复合形中的每个样本点为一个潜在的父代点，父代点通过进化来产生子代点。子复合形类似于一对父代点，唯一的不同在于子复合形中包含的父代点多于两个。使用随机方法生成子复合形使得算法能够充分地搜索参数空间。生成子复合形时用到了竞争的概念，好个体比差个体具有更好的生存能力，能够产生更好的子代。竞争的概念促使进化向着最优区域移动。进化过程中的竞争通过三角形分布（该分布倾向于选择更好的点）实现。单纯形算法用来生成子代，该算法对于误差响应面敏感，可以利用误差响应面上的信息来引导算法向着寻优方向移动。除了单纯形算法，在一些情况下，算法能够生成随机子代，这与生物界进化中的变异相类似。种群中的每个成员在被替代或舍弃前都具有一定的几率产生子代，因此，种群中各成员包含的信息都没有被忽略。

4.2.2　算法参数

SCE-UA 算法由随机性部分和确定性部分组成，各部分需要一些算法参数对优化过程进行控制。为了取得最优的优化效果，这些算法参数需要恰当设置。这些参数包括：m，复合型中样本点的个数；q，子复合形中样本点的个数；p，复合形个数；α，每个子复合形生成子代的个数；β，每个复合形的进化代数。

理论上讲，每个复合形中样本点的个数 m，可为大于等于 2 的任何值。然而，如果每个复合形中包含的样本点过少，优化过程会类似于单纯形算法，SCE-UA 算法的全局寻优能力会大大降低。相反地，如果 m 过大，会消耗过多的机时，导致效率低下。Duan 的研究结果表明，将 m 固定为 $2n+1$，此处 n 为需要优化的参数的个数，通过调整 p，SCE-UA 算法的优化效果比仅仅调整 m 更好。

每个子复合形中的样本点数 q，可在 $2 \sim m$ 间调整。如果 q 设置为 $n+1$，子复合形就是一个单纯形。这种设置是对误差响应面的一阶近似，可以取得较好的局部调优效果。

每个子复合形在放回复合形前生成的子代的个数 α，可为大于等于 1 的任意整数。如果 α 等于 1，父代中将只有一个样本点被取代。随着 α 的增大，算法更加倾向于局部寻优。

每个复合形在混合前进化的代数 β，可为任意正整数。如果 β 过小，复合形将混合地过于频繁，各复合形无法充分地对参数空间各部分进行搜索。如果 β 过大，每个复合形会过快地收缩到一个较小的区域，算法将失去全局寻优的特性。

复合形个数 p，由优化问题的复杂度决定。越困难的问题需要的复合形越多。

本书中，SCE-UA 算法的四个算法参数按照 Duan 的建议设置如下：①复合形中样本点的个数，$m=2n+1$；②子复合形中样本点的个数，$q=n+1$；③每个子复合形产生的子代的个数，$\alpha=1$；④每个复合形进化的代数，$\beta=m$。

4.3　进化多目标算法

最优化问题是工程实践和科学研究中的重要问题之一。仅有一个目标函数的优化问题称为单目标优化问题，目标函数多于一个且需同时考虑的优化问题称为多目标优化问题。对于多目标优化问题，一个解对于某个目标来说可能是较好的，而对于其他目标来说可能是较差的，故一般难以找到一个唯一解使得所有目标函数都达到最优，故存在一个折衷解的集合，称为帕累托最优解集（Pareto optimal set）或非支配解集（nondominated set）[167]。起初，多目标优化问题常通过目标函数加权等方式转化为单目标优化问题，然后用数学规划方法求解，每次优化计算只能得到一种权值情况下的单一最优解。此外，由于多目标优化问题的目标函数和约束条件可能是非线性、不可微或不连续的，传

53

统数学规划方法往往效率较低甚至无法求解，且它们对于权重值或目标给定的次序较为敏感。

与传统数学规划方法不同，进化多目标优化主要研究如何利用进化计算方法求解多目标优化问题。进化算法作为一种启发式搜索算法，已被成功应用于多目标优化领域，发展为一个较为热门的研究方向——进化多目标优化[168]。进化算法通过在代与代之间维持由潜在解组成的种群来实现全局搜索，进化完成后可以得到一群折衷解，而非一个单一解，这种从种群到种群的进化方法对于搜索多目标优化问题的帕累托最优解集非常有效。

早在 1985 年，Schaffer 就提出了矢量量化遗传算法（vector evaluated genetic algorithm，简称 VEGA），这被看作是进化算法求解多目标优化问题的开创性工作。20 世纪 90 年代以后，各国学者先后提出了许多进化多目标优化算法。1993 年，Fonseca 和 Fleming 提出了多目标遗传算法（multiobjective genetic algorithm，简称 MOGA），Srinivas 和 Deb 提出了非支配排序遗传算法（non-dominated sorting genetic algorithm，简称 NSGA），Horn 和 Nafpliotis 提出了微量帕累托遗传算法（niched Pareto genetic algorithm，简称 NPGA），这些算法习惯上被称为第一代进化多目标优化算法。第一代进化多目标优化算法的特点是采用基于帕累托等级的个体选择方法和基于适应度共享机制的种群多样性保持策略。

1999—2002 年，以精英保留机制为特征的第二代进化多目标优化算法被相继提出：1999 年，Zitzler 和 Thiele 提出了强度帕累托进化算法（strength Pareto evolutionary algorithm，简称 SPEA）[169]，三年后，他们又提出了 SPEA 的改进版本 SPEA2[170]；2000 年，Knowles 和 Corne 提出了帕累托存档进化策略（Pareto archived evolution strategy，简称 PAES）[171]，很快，他们也提出了改进的版本——基于帕累托闭集的选择算法（Pareto envelop-based selection algorithm，简称 PESA）[172] 和 PESA - Ⅱ[173]；2001 年，Erichson、Mayer 和 Horn 提出了 NPGA 的改进版本 NPGA2[174]；Coello Coello 和 Pulido 提出了微量遗传算法（micro-genetic algorithm，简称 Micro-GA）[175]；2002 年，Deb 等学者通过对 NSGA 进行改进，提出了一个经典算法——NSGA - Ⅱ[176]。

从 2003 年至今，进化多目标优化前沿领域的研究呈现出新的特点，为了更有效地求解高维多目标优化问题，一些区别于传统帕累托占优的新型占优机制相继涌现。Laumanns 和 Deb 等学者提出了 ε 占优的概念[177]，Brockoff 和 Zitzler 等学者研究了部分占优的概念[178]，Coello Coello 等学者提出了帕累托自适应 ε 占优[179]，Deb 和 Saxena 用主分量分析[180]、相关熵主分量分析[181] 等方法结合进化计算来解决高维多目标问题。对多目标优化问题本身的研究也在逐步深入，不同性质的多目标优化测试问题被提出。同时，一些新的进化机制也被引入进化多目标优化领域，如 Coello Coello 等人基于粒子群优化提出的多目标粒子群优化（multi-objective particle swarm optimization，简称 MOPSO）[182]，Gong 和 Jiao 等基于免疫算法提出的非支配近邻免疫算法（nondominated neighbor immune algorithm，简称 NNIA）[183]，Zhang 和 Zhou 等基于分布估计算法提出的基于正则化模型的多目标分布估计算法（regularity model based multi-objective estimation of distribution algorithm，简称 RM-MEDA）[184-185]，Zhang 和 Li 将传统的数学规划方法与进化算法结合起来提出的基于分解的多目标进化算法（multi-objective evolutionary algorithm based on decomposition，简称 MOEA/D）[186]。

众多多目标进化算法中应用效果较好的是 2002 年 Deb 等提出的 NSGA-Ⅱ算法，它是迄今为止较为全面和优秀的进化多目标优化算法。该算法基于快速非支配排序，计算复杂度较低；基于非支配排序为个体赋予适应度值，有效防止了种群退化；使用拥挤距离的概念维护种群多样性，求得的帕累托最优集分布均匀；引入精英保留机制，有利于保持优良个体，提高种群的整体进化水平。

4.4　神经网络模型拓扑结构和网络参数优化方法

本节首先讨论神经网络模型拓扑结构优化方法研究进展，随后讨论网络参数优化方法研究进展。神经网络模型构建方式确定后，需要进行拓扑结构和网络参数的优选。拓扑结构的优选涉及以下几个问题：隐含层层数的优选，各隐含层神经元个数的优选、传递函数的选择。最优拓扑结构在泛化能力（即预报能力）和网络复杂度（即网络规模、网络中自由参数的个数）间取得了一个良好的折衷。如果网络过于简单或响应函数关系选择不当，会导致网络模拟能力低下。但过于复杂的网络会导致泛化能力低下、计算速度缓慢和率定困难。同时，复杂网络建立的函数关系更加难于理解和分析。神经网络拓扑结构优化方法主要分为三类（见图 4.1）：全局优化方法、迭代法和特定方法。全局优化方法将神经网络拓扑结构编码为一串能够被全局优化算法（如：遗传算法、粒子群算法或模拟退火算法等）进化的染色体或决策变量来进行拓扑结构的优化。拓扑结构（如：隐含层神经元个数）和网络参数（权值和偏置值）通常被同时编码到染色体或决策变量中，因此，全局优化方法能够同时优化拓扑结构和网

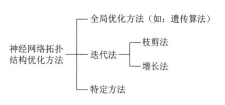

图 4.1　神经网络拓扑结构优化方法

络参数。如果恰当使用，全局优化方法能够求得全局最优拓扑结构和（或）网络参数。这类方法的主要不足是计算开销较大。相比全局优化方法，迭代式优化方法更为常用。迭代法从一个预估的拓扑结构起算，尝试在每步迭代对拓扑结构进行修改，确保修改后的网络既不过于复杂也不过于简单，直到找到最优拓扑结构为止。迭代法可分为两类：一类是枝剪法，另一类是增长法。枝剪法由一个足够复杂的拓扑结构算起，每次迭代移除一个对输出贡献最小的权值和其对应的各神经元，直到网络模拟能力显著下降为止。与枝剪法相反，增长法由最简单的拓扑结构算起，每次迭代增加一个隐含层神经元或增加一个隐含层并率定模型，直到网络模拟能力无法显著提高为止。枝剪法和增长法的共同缺点是计算开销很大，因为不同结构的神经网络都需要重新率定并监测其模拟能力。除了以上方法，还有试算法和依照经验选择拓扑结构等，可归类为特定的方法。

尽管拓扑结构优选对于建立高质量神经网络模型作用很大，但以往大部分研究并未对此进行深入研究，基于试算法或基于经验的特定方法被广泛用于拓扑结构优选，增长法使用也较多，但枝剪法和全局优化方法使用较少。为了确保能够稳定的获取全局最优拓扑结构，推荐使用全局优化方法。

接下来讨论网络参数优化方法。网络参数优化又称为训练或模型率定，其目的是在固定拓扑结构的前提下找到一组最优模型参数（即最优权值和偏置值）使网络的模拟能力达到最优。如果不存在过拟合问题且训练样本代表性足够好，当训练集中的模拟输出与实际输出间的差别最小化时就完成了模型率定。如果存在过拟合问题且训练集样本和测试集样本具有很好的代表性，当测试集中的模拟输出与实际输出间的差别最小化时就完成了模型率定。优化网络参数使训练集或测试集误差达到最小化是一个比较困难的问题。每一个参数向量对应着一个模型模拟误差，这些误差值构成一个关于参数空间的误差响应面。图 4.2 展示了一个单参数误差响应面，不同的参数值对应着不同的模型模拟误差。

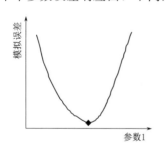

（a）较为平滑的误差曲面

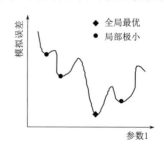

（b）较为崎岖的误差曲面

图 4.2　单参数误差响应面

如图 4.2 所示，搜索全局最优参数（或参数向量）的难易程度与误差响应面的平滑度密切相关。平滑度反映了误差响应面中峰和谷的数量、分布和陡峭程度。如图 4.2（a）所示，如果误差响应面比较平滑，那么意味着响应面中的局部极小点较少，全局最优点的搜索较为容易。相反，如图 4.2（b）所示，如果误差响应面较为崎岖，意味着局部极小点的个数较多，全局最优点的搜索较为困难。误差响应面的平滑度通常取决于实际优化问题，并受网络参数个数影响。随着网络参数个数的增加，参数搜索空间的维数也被扩展，通常会引入更多的局部极小点。此外，过多的参数使得网络参数更加难于解释和分析，误差响应曲面易于产生震荡现象，模型倾向于对异常离群值过度拟合。因此，尽量使用最少的输入变量和模型参数对样本中的输入输出关系进行恰当的模拟十分重要。由于神经网络模型参数优化是一项非常复杂困难的任务，对于不同的神经网络需要使用与之相适应的优化方法（见图 4.3）。大部分网络参数优化方法是确定性的，即这类方法试图搜索到一个最优参数向量，该参数向量使得训练集的模型预报输出与实际输出间的某种误差准则达到最小。确定性方法通常分为局部优化方法和全局优化方法两类。局部优化方法通常基于梯度信息，又称梯度下降算法，具有较高的运算效率，但当误差响应面不平滑时易于陷入局部极小点。梯度下降算法可进一步分为一阶方法（如：反向传播算法）或二阶方法（如：牛顿法和共轭梯度法）。全局优化方法（如：遗传算法）具有较高的概率搜索到全局最优参数向量，但其计算开销较大。为了在率定过程中考虑网络参数的不确定性，随机性方法被引入神经网络模型率定中。这类方法能够获得网络参数的分布而非单一的最优参数向量，其优点是可以获得模拟值的上下限区间。随机性方法常基于贝叶斯方法。

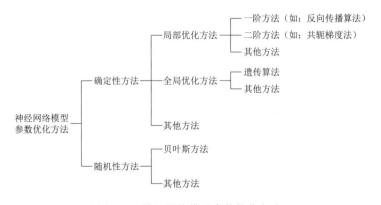

图 4.3　神经网络模型参数优化方法

确定性方法被广泛应用于以往研究中，只有少量文献考虑了网络参数的不确定性,使用了基于贝叶斯方法或其他方法的随机性率定方法。确定性方法中,一阶方法使用最多,二阶方法（如:Levenberg-Marquardt 算法）使用也较为广泛。其他局部优化方法及全局优化方法使用较少。Levenberg-Marquardt 算法是一种比较成熟、高效、高精度的局部优化方法,是中小规模网络参数优化的首选算法。全局优化方法的全局寻优以及能够同时优化拓扑结构和网络参数的特性使得其在神经网络模型拓扑结构和网络参数优化中发挥着重要作用。

4.5　数据驱动模型率定方法

4.5.1　EBPNN 模型率定方法

4.5.1.1　NSGA-Ⅱ多目标优化算法

Srinivas 和 Deb 于 1994 年提出了基于帕累托（Pareto）占优的非支配排序遗传算法（NSGA）,该算法的主要优势在于根据非支配集来确定个体适应度值,但该算法需要引入一个共享度参数来保持种群多样性,该参数非常敏感,对优化结果影响很大。为了解决这一问题,Deb[187] 提出了 NSGA 算法的改进版——精英策略非支配排序遗传算法（NSGA-Ⅱ）,本节对这一算法进行介绍。

1. 多目标优化问题概述

假定最优化问题是为了实现目标函数的最小化。对于多目标优化问题,任意两个解 a 和 b 通常满足以下两个关系之一:一个解支配另一个解或两个解互为非支配解。即如果 a 和 b 满足以下两个条件,则称 a 支配 b:

$$\forall m f_m(a) \leqslant f_m(b) \quad m=1,2,\cdots,g \quad a,b \in R^n$$

$$\forall m f_m(a) < f_m(b) \quad m=1,2,\cdots,g \quad a,b \in R^n$$

式中:g 为目标函数的个数;n 为决策变量的个数。如果以上两个关系同时满足,则称 a 支配 b。如果不存在支配 b 的解,则 b 称为非支配解。显而易见,解 a 支配解 b 可以理解为解 a 优于解 b,而 a、b 互相非支配可理解为 a 与 b 的最优性相同。可行解空间内所有相互间非支配的解构成的解集称为帕累托最优集,又称帕累托最优前沿。事实上,多目标优化问题的解集中往往存在多个帕累托前沿,不同的帕累托前沿被称为不同阶数的帕累托前沿,其中一阶前沿最优,其次是二阶、三阶,以此类推。帕累托最优集的存在说明多目标优化问题往往难以求得一个唯一的全局最优解,其解通常是一群解,即帕累托最优集。帕累托最优集中的解比可行解空间中其他解更优,但它们相互间的最优性可以认为是相同的[188]。

2. 快速非支配排序方法

本节首先介绍一种计算效率较低的基于非支配阶数的种群个体排序方法,

之后介绍快速非支配排序方法。为了从规模为 N 的种群中挑选出一阶非支配前沿，种群中的每个解需要与种群中其他解进行比较以确定该解是否被其他解支配。在这一过程中，每个解需要进行 $O(MN)$ 次比较，M 是目标函数的个数，这一过程的计算时间复杂度是 $O(MN^2)$。为了搜索二阶非支配前沿，一阶前沿的解暂时被分离出种群，对剩下的解重复上述排序过程。在最坏情况下，搜索二阶前沿仍然需要 $O(MN^2)$ 次计算，即二阶和更高阶前沿中有 $O(N)$ 个解的情况下。这一结论对于搜索三阶和更高阶非支配前沿同样成立。因此，最坏情况下，种群中有 N 个前沿且每个前沿中只有一个解，此时需要进行 $O(MN^3)$ 次计算，存储空间复杂度是 $O(N)$。

　　接下来介绍快速非支配排序，其计算时间复杂度是 $O(MN^2)$。首先，对于种群中的每个解 p，进行两个指标的计算：a 支配数 n_p，即支配该解的解的数目；$b S_p$，该解支配的解所构成的集合。这一过程需要 $O(MN^2)$ 次计算。一阶非支配前沿中的解的 n_p 均为 0。对于 $n_p=0$ 的每个解 p，检测 S_p 中的每个成员 q，将 q 支配数减少 1。如果某个 q 的支配数降为 0，则将它存入另一个集合 Q。Q 中的成员将属于二阶非支配前沿。之后，对 Q 中的每个成员重复这一过程并搜索出三阶前沿。以上过程重复进行，直到所有前沿都被识别出来。快速非支配排序计算流程如下：

对于种群 P
for each $p \in P$
　　$S_p = \varnothing$
　　$n_p = 0$
　　for each $q \in P$
　　　　if $p \prec q$ then　　　　如果 p 支配 q
　　　　　　$S_p = S_p \bigcup \{q\}$　　将 q 加入 S_p
　　　　else if $q \prec p$ then
　　　　　　$n_p = n_p + 1$　　　　n_p 递增
　　　　if $n_p = 0$ then　　　　　p 属于一阶前沿
　　　　　　$p_{rank} = 1$
　　　　　　$F_1 = F_1 \bigcup \{p\}$
$i = 1$　　　　　　　　　　　　初始化前沿计数器
while $F_i \neq \varnothing$
　　$Q = \varnothing$　　　　　　　用来存储下一前沿的成员
　　for each $p \in F_i$
　　　　for each $q \in S_p$
　　　　　　$n_q = n_q - 1$

$$
\begin{aligned}
&\text{if } n_q = 0 \text{ then} \qquad q \text{ 属于下一前沿} \\
&\qquad\qquad q_{rank} = i + 1 \\
&\qquad\qquad \mathcal{Q} = \mathcal{Q} \bigcup \{q\} \\
&i = i + 1 \\
&F_i = \mathcal{Q}
\end{aligned}
$$

对于二阶或更高阶非支配前沿中的解 p，支配数 n 至多为 $N-1$。因此，对于每个解 p，其支配数 n_p 降为 0 之前最多被检测 $N-1$ 次。此时，该解的非支配阶数已确定，之后不会再被检测。因为这样的解最多有 $N-1$ 个，故总的计算时间复杂度为 $O(N^2)$。因此，快速非支配排序的总计算时间复杂度为 $O(MN^2)$。另一种求得计算时间复杂度的方法是：第一个内循环体的执行次数是 N，第二个内循环最多执行 $N-1$ 次，故总的复杂度是 $O(MN^2)$。尽管计算时间复杂度被降低至 $O(MN^2)$，存储空间复杂度却上升至 $O(N^2)$。

3. 种群多样性保持策略

多目标进化除了要确保种群最终收敛到帕累托最优集，还要使解集中解的分布尽量均匀。NSGA 算法使用共享函数法来使解的分布尽量均匀，但该法需要引入一个共享度参数 σ_{share}，该参数设置的好坏对优化结果影响很大且计算时间复杂度较大，为 $O(N^2)$。NSGA－Ⅱ算法没有采用共享函数法，而是采用了拥挤距离法，在一定程度上解决了共享函数法存在的问题。拥挤距离法不需要用户设定参数且具有更低的计算时间复杂度。为了更好地介绍这一方法，首先介绍两个概念：密度估计和优劣解比较算子。

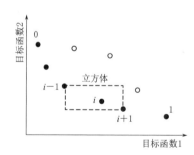

图 4.4　拥挤距离

（实心圆圈中的点表示同一非支配
前沿中的解）

（1）密度估计：为了估计种群中某个解与附近其他解的拥挤程度，通过计算该解各目标函数与附近其他解各目标函数间距离的平均值 $i_{distance}$ 作为密集程度的度量。$i_{distance}$ 称为拥挤距离，它是一个立方体的周长，该立方体的顶点由距离该解最近的其他解组成，图 4.4 展示了两目标优化问题中拥挤距离的计算方法。图 4.4 中第 i 个解的拥挤距离是立方体（虚线框）的边长的均值。

计算拥挤距离时需要对种群中的解按各目标函数值进行升序排列，排序完成后，为边界解（即具有最小和最大目标函数值的解）赋予一个无穷大的距离值，介于边界解之间的解的距离值等于相邻两个解的目标函数值之差的绝对值。对每个目标函数都进行距离的计算。所有计算完成后，总的拥挤距离为各目标函数距离值之和。各目标函数值在计算拥挤距离前需要进行标准化。对于一个非支配集 I，拥挤距离计算流程如下：

对于非支配集 I
$l = |I|$　　　　　　　　　　　　　　I 中解的个数
for each i, set $I[i]_{distance} = 0$　　　　初始化解的距离
for each 目标函数 m
　　$I = \text{sort}(I, m)$　　　　　　　　根据各目标函数值排序
　　$I[1]_{distance} = I[l]_{distance} = \infty$　　边界点赋值距离
　　for $i = 2$ to $l - 1$　　　　　　　　其他各点赋值距离
　　$I[i]_{distance} = I[i]_{distance} + (I[i+1].m - I[i-1].m) / (f_m^{max} - f_m^{min})$

$I[i].m$ 表示 I 中第 i 个解的第 m 个目标函数的值；f_m^{max} 和 f_m^{min} 分别表示第 m 个目标函数的最大值和最小值。拥挤距离的计算时间复杂度由排序算法的复杂度决定，为 $O(MN\log N)$。当 I 中所有解的拥挤距离计算完毕后，就可以用拥挤距离来度量两个解的密集程度。具有较小拥挤距离的解可以认为被其他解紧密包围。

（2）优劣解比较算子：优劣解比较算子（$<_n$）在遗传算法选择阶段引导种群向一个均匀分布的帕累托前沿进化。种群中的个体 i 具有以下两个属性：

i. 非支配阶数（i_{rank}）。

ii. 拥挤距离（$i_{distance}$），定义优劣解比较算子 $<_n$。

如果 $i_{rank} < j_{rank}$，则 $i <_n j$。

如果 $i_{rank} = j_{rank}$，且 $i_{distance} > j_{distance}$，则 $i <_n j$。

即，对于两个不同阶的解，认为低阶解更优。如果两个解同阶，则认为拥挤距离大（即拥挤程度小）的解更优。

4. 算法描述

综上所述，NSGA-Ⅱ算法主要由三部分组成：快速非支配排序、快速拥挤距离估计和高效优劣解比较算子。NSGA-Ⅱ算法的进化过程如下：

初始化，随机生成种群 P_0。对种群进行快速非支配排序，为每个解赋予一个适应度值，该适应度值等于其非支配阶数（一阶最优，二阶其次，以此类推）。然后，进行锦标赛选择，再混合和变异操作，生成规模为 N 的新种群 Q_0。选择操作中引入了精英策略，通过把当前种群的非支配解与之前进化出的最好的各非支配解进行比较，防止进化出的最优解被丢弃。算法计算流程如下：

$R_t = P_t \bigcup Q_t$　　　　　　　　　混合父代和子代种群
$F = $ 快速非支配排序（R_t）　　　　　$F = (F_1, F_2, \cdots)$，R_t 中所有非支配前沿

$P_{t+1} = \varnothing$ and $i = 1$

Until $|P_{t+1}| + |F_i| \leqslant N$　　　　　　　　　直到父代种群已满

　　拥挤距离计算（F_i）　　　　　　　　　计算 F_i 中各解的拥挤距离

　　$P_{t+1} = P_{t+1} \bigcup F_i$　　　　　　　　将第 i 个非支配前沿加入父代种群

　　$i = i + 1$　　　　　　　　　　　　　检测下一个非支配前沿是否能够被加入父代

sort$(F_i, <_n)$　　　　　　　　　　　　使用 $<_n$ 算子进行降序排列

$P_{t+1} = P_{t+1} \bigcup F_i\,[1 : (N - |P_{t+1}|)]$　　选出 F_i 中前 $N - |P_{t+1}|$ 个解

$Q_{t+1} = $ 产生新种群（P_{t+1}）　　　　　通过选择、交叉和变异操作来生成新种群 Q_{t+1}

$t = t + 1$　　　　　　　　　　　　　　种群进化代数加一

　　开始阶段，生成一个大小为 $2N$ 的混合种群 $R_t = P_t \bigcup Q_t$。对 R_t 进行快速非支配排序，因为 R_t 中包含先前代的所有解和当前代的所有解，故这里内含了精英策略。此时，最优非支配集 F_1 是混合种群中的最优解集。如果 F_1 中的解少于 N 个，则 F_1 被全部添加到下一代种群 P_{t+1} 中。P_{t+1} 中其他的解依照阶数由低到高的顺序从其他低阶解集中选取，即依照 F_2、F_3、F_4 这样的顺序选取。选择过程直到没有更多的低阶解集可供选取为止。假定 F_l 是最后一个被选入的非支配集，F_1 到 F_l 中所有解的总和通常比种群数大。为了确保选入 N 个解，将 F_l 中的解依据优劣解比较算子 $<_n$ 进行降序排序，并选入最优的前 $N - |P_{t+1}|$ 个解来填满种群。NSGA-Ⅱ 算法计算过程见图 4.5。规模为 N 的新种群 P_{t+1} 经过选择、交叉和变异操作后生成一个规模为 N 的新种群 Q_{t+1}。此处使用基于优劣解比较算子 $<_n$ 的锦标赛选择。

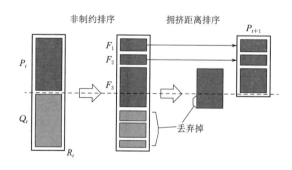

图 4.5　NSGA-Ⅱ 算法计算流程

　　在最坏情况下，算法有如下计算时间复杂度：① 非支配排序 $O\,[M\,(2N)^2]$；② 拥挤距离计算 $O\,[M\,(2N)\,\log\,(2N)]$；③ $<_n$ 算子 $O\,[2N\log(2N)]$。整个算法的计算时间复杂度是 $O(MN^2)$，这是由非支配排序部分的复杂度决定的。

4.5.1.2 早停止 Levenberg-Marquardt 算法

在以往文献中，很多学者提出了大量神经网络训练算法。最速下降法（即反向传播算法）是第一个应用于多层神经网络训练的算法，开创了多层网络训练算法的先河。多年来，很多学者对反向传播算法进行了改进[189]，但改动程度均较小[190-193]。时至今日，反向传播算法仍被广泛使用，然而，该算法计算效率低，收敛速度慢。该算法收敛速度慢的主要原因如下：

（1）想提高收敛速度，必须提高训练速率，然而，在梯度较大处，算法步长必须取得足够小才能防止算法跳过极小点，防止出现震荡不收敛现象。当步长为常量时，为保证算法能够收敛，训练速率必须取得较小，在梯度较为平缓处，收敛速度就大大减慢（见图 4.6）。

（2）误差响应面上不同方向的曲率不尽相同（如：Rosenbrock 函数），较典型的有"误差谷"问题，这些问题的存在会减慢收敛速度。

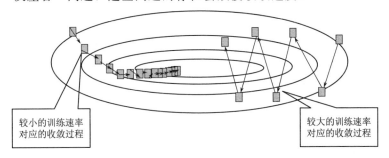

较小的训练速率对应的收敛过程

较大的训练速率对应的收敛过程

图 4.6　最速下降法中不同训练速率对应的收敛过程

最速下降法收敛速度非常缓慢，这一不足可通过高斯-牛顿法获得改进。高斯-牛顿法使用误差函数的二阶导数引导寻优，收敛速度很快，特别地，当误差响应面是二次曲面时，高斯-牛顿法经一次迭代就可收敛。但获得这些快速收敛效果的前提条件是误差函数必须可近似为二次函数，否则，高斯-牛顿法大多数情况下不收敛。

Levenberg-Marquardt（LM）算法由 Kenneth Levenberg 和 Donald Marquardt 分别独立提出，该算法适用于求解非线性函数最小化问题。该算法收敛速度快，收敛结果稳定，适用于中小型神经网络的训练。LM 算法由最速下降法和高斯-牛顿法发展而来，它继承了高斯-牛顿法的快速收敛性和最速下降法的稳定性。LM 算法比高斯-牛顿法具有更好的鲁棒性，即使误差响应面比二次函数复杂，大多数情况下仍可以很好的收敛。LM 算法收敛速度比高斯-牛顿法稍慢，但远快于最速下降法。LM 算法是一种混合型算法，对于复杂的误差曲面，LM 算法切换到最速下降法，直到局部误差曲面近似于二次函数，之后，算法切换至近似的高斯-牛顿法，达到快速收敛的目的。

1. LM 算法概述

以下通过四部分内容的介绍导出 LM 算法：①最速下降法；②牛顿法；③高斯-牛顿法；④LM 算法。在介绍 LM 算法之前，先声明一些变量的含义：

（1）p 为训练样本索引，从 1 到 P，P 为训练样本个数。

（2）m 为输出索引，从 1 到 M，M 为输出个数。

（3）i 和 j 为权值索引，从 1 到 N，N 为权值个数。

（4）k 为迭代次数索引。

所有算法均以误差平方和（sum of squared error，SSE）作为训练准则。对所有的训练样本和网络输出，SSE 定义为

$$E(\boldsymbol{x},\boldsymbol{w}) = \frac{1}{2}\sum_{p=1}^{P}\sum_{m=1}^{M}e_{p,m}^2 \tag{4.1}$$

$$e_{p,m} = d_{p,m} - o_{p,m} \tag{4.2}$$

式中：$\boldsymbol{x}$ 为输入向量；$\boldsymbol{w}$ 为权值向量；$e_{p,m}$ 为第 p 个样本的第 m 个输出的训练误差；d 为实测输出；o 为模拟输出。

2. LM 算法的导出

（1）最速下降法。最速下降法是一阶算法，它根据总误差函数的一阶导数（即梯度）在误差响应面上寻找极小点。一般地，梯度向量 $\boldsymbol{g}$ 定义为总误差函数的一阶导数：

$$\boldsymbol{g} = \frac{\partial E(\boldsymbol{x},\boldsymbol{w})}{\partial \boldsymbol{w}} = \begin{bmatrix} \dfrac{\partial E}{\partial w_1} & \dfrac{\partial E}{\partial w_2} & \cdots & \dfrac{\partial E}{\partial w_N} \end{bmatrix}^{\mathrm{T}} \tag{4.3}$$

最速下降法的权值更新公式为

$$\boldsymbol{w}_{k+1} = \boldsymbol{w}_k - \alpha\boldsymbol{g}_k \tag{4.4}$$

式中：α 为学习速率（常量）。最速下降法属于渐近收敛，当接近极小点时，梯度向量的各分量变得很小，优化会停滞不前。

（2）牛顿法。牛顿法假定梯度向量各分量 g_1，g_2，$\cdots$，g_N 是权值的函数，权值间线性不相关

$$\begin{cases} g_1 = F_1(w_1, w_2, \cdots, w_N) \\ g_2 = F_2(w_1, w_2, \cdots, w_N) \\ \qquad\qquad \vdots \\ g_N = F_N(w_1, w_2, \cdots, w_N) \end{cases} \tag{4.5}$$

式中：F_1，F_2，$\cdots$，F_N 表示权值与梯度向量各分量间的非线性关系。对公式（4.5）中各 g_i（$i=1$，2，$\cdots$，N）进行泰勒展开并取一阶近似：

$$
\begin{cases}
g_1 \approx g_{1,0} + \dfrac{\partial g_1}{\partial w_1}\Delta w_1 + \dfrac{\partial g_1}{\partial w_2}\Delta w_2 + \cdots + \dfrac{\partial g_1}{\partial w_N}\Delta w_N \\[2mm]
g_2 \approx g_{2,0} + \dfrac{\partial g_2}{\partial w_1}\Delta w_1 + \dfrac{\partial g_2}{\partial w_2}\Delta w_2 + \cdots + \dfrac{\partial g_2}{\partial w_N}\Delta w_N \\[2mm]
\qquad\qquad\vdots \\[1mm]
g_N \approx g_{N,0} + \dfrac{\partial g_N}{\partial w_1}\Delta w_1 + \dfrac{\partial g_N}{\partial w_2}\Delta w_2 + \cdots + \dfrac{\partial g_N}{\partial w_N}\Delta w_N
\end{cases}
\tag{4.6}
$$

由公式（4.3）中定义的梯度向量知，有

$$
\frac{\partial g_i}{\partial w_j} = \frac{\partial\left(\dfrac{\partial E}{\partial w_i}\right)}{\partial w_j} = \frac{\partial^2 E}{\partial w_i \partial w_j}
\tag{4.7}
$$

将公式（4.7）代入公式（4.6），有

$$
\begin{cases}
g_1 \approx g_{1,0} + \dfrac{\partial^2 E}{\partial w_1^2}\Delta w_1 + \dfrac{\partial^2 E}{\partial w_1 \partial w_2}\Delta w_2 + \cdots + \dfrac{\partial^2 E}{\partial w_1 \partial w_N}\Delta w_N \\[2mm]
g_2 \approx g_{2,0} + \dfrac{\partial^2 E}{\partial w_2 \partial w_1}\Delta w_1 + \dfrac{\partial^2 E}{\partial w_2^2}\Delta w_2 + \cdots + \dfrac{\partial^2 E}{\partial w_2 \partial w_N}\Delta w_N \\[2mm]
\qquad\qquad\vdots \\[1mm]
g_N \approx g_{N,0} + \dfrac{\partial^2 E}{\partial w_N \partial w_1}\Delta w_1 + \dfrac{\partial^2 E}{\partial w_N \partial w_2}\Delta w_2 + \cdots + \dfrac{\partial^2 E}{\partial w_N^2}\Delta w_N
\end{cases}
\tag{4.8}
$$

与最速下降法相比，对于梯度向量的每个分量，需要计算总误差函数的二阶导数。为了获得总误差函数 E 的极小点，令梯度向量的各分量为零。因此，公式（4.8）左边全为零，即

$$
\begin{cases}
0 \approx g_{1,0} + \dfrac{\partial^2 E}{\partial w_1^2}\Delta w_1 + \dfrac{\partial^2 E}{\partial w_1 \partial w_2}\Delta w_2 + \cdots + \dfrac{\partial^2 E}{\partial w_1 \partial w_N}\Delta w_N \\[2mm]
0 \approx g_{2,0} + \dfrac{\partial^2 E}{\partial w_2 \partial w_1}\Delta w_1 + \dfrac{\partial^2 E}{\partial w_2^2}\Delta w_2 + \cdots + \dfrac{\partial^2 E}{\partial w_2 \partial w_N}\Delta w_N \\[2mm]
\qquad\qquad\vdots \\[1mm]
0 \approx g_{N,0} + \dfrac{\partial^2 E}{\partial w_N \partial w_1}\Delta w_1 + \dfrac{\partial^2 E}{\partial w_N \partial w_2}\Delta w_2 + \cdots + \dfrac{\partial^2 E}{\partial w_N^2}\Delta w_N
\end{cases}
\tag{4.9}
$$

观察公式（4.3）与公式（4.9），有

$$
\begin{cases}
-\dfrac{\partial E}{\partial w_1} = -g_{1,0} \approx \dfrac{\partial^2 E}{\partial w_1^2}\Delta w_1 + \dfrac{\partial^2 E}{\partial w_1 \partial w_2}\Delta w_2 + \cdots + \dfrac{\partial^2 E}{\partial w_1 \partial w_N}\Delta w_N \\[2mm]
-\dfrac{\partial E}{\partial w_2} = -g_{2,0} \approx \dfrac{\partial^2 E}{\partial w_2 \partial w_1}\Delta w_1 + \dfrac{\partial^2 E}{\partial w_2^2}\Delta w_2 + \cdots + \dfrac{\partial^2 E}{\partial w_2 \partial w_N}\Delta w_N
\end{cases}
$$

$$\left\{ \begin{array}{l} \qquad\qquad\qquad\vdots \\ -\dfrac{\partial E}{\partial w_N} = -g_{N,0} \approx \dfrac{\partial^2 E}{\partial w_N \partial w_1}\Delta w_1 + \dfrac{\partial^2 E}{\partial w_N \partial w_2}\Delta w_2 + \cdots + \dfrac{\partial^2 E}{\partial w_N^2}\Delta w_N \end{array} \right.$$

$$(4.10)$$

式（4.10）中有 N 个方程 N 个未知数，故所有的 Δw_i 可以解出。可通过求解 Δw_i 来更新权值。公式（4.10）可写为矩阵形式

$$\begin{bmatrix} -g_1 \\ -g_2 \\ \vdots \\ -g_N \end{bmatrix} = \begin{bmatrix} -\dfrac{\partial E}{\partial w_1} \\[2mm] -\dfrac{\partial E}{\partial w_2} \\[2mm] \vdots \\[2mm] -\dfrac{\partial E}{\partial w_N} \end{bmatrix} = \begin{bmatrix} \dfrac{\partial^2 E}{\partial w_1^2} & \dfrac{\partial^2 E}{\partial w_1 \partial w_2} & \cdots & \dfrac{\partial^2 E}{\partial w_1 \partial w_N} \\[2mm] \dfrac{\partial^2 E}{\partial w_2 \partial w_1} & \dfrac{\partial^2 E}{\partial w_2^2} & \cdots & \dfrac{\partial^2 E}{\partial w_2 \partial w_N} \\[2mm] \vdots & \vdots & \vdots & \vdots \\[2mm] \dfrac{\partial^2 E}{\partial w_N \partial w_1} & \dfrac{\partial^2 E}{\partial w_N \partial w_2} & \cdots & \dfrac{\partial^2 E}{\partial w_N^2} \end{bmatrix} \times \begin{bmatrix} \Delta w_1 \\ \Delta w_2 \\ \cdots \\ \Delta w_N \end{bmatrix}$$

$$(4.11)$$

此处，方阵为海赛矩阵

$$\boldsymbol{H} = \begin{bmatrix} \dfrac{\partial^2 E}{\partial w_1^2} & \dfrac{\partial^2 E}{\partial w_1 \partial w_2} & \cdots & \dfrac{\partial^2 E}{\partial w_1 \partial w_N} \\[2mm] \dfrac{\partial^2 E}{\partial w_2 \partial w_1} & \dfrac{\partial^2 E}{\partial w_2^2} & \cdots & \dfrac{\partial^2 E}{\partial w_2 \partial w_N} \\[2mm] \vdots & \vdots & \vdots & \vdots \\[2mm] \dfrac{\partial^2 E}{\partial w_N \partial w_1} & \dfrac{\partial^2 E}{\partial w_N \partial w_2} & \cdots & \dfrac{\partial^2 E}{\partial w_N^2} \end{bmatrix}$$

$$(4.12)$$

观察公式（4.3）、公式（4.11）和公式（4.12），有

$$-\boldsymbol{g} = \boldsymbol{H}\Delta \boldsymbol{w} \qquad (4.13)$$

故

$$\Delta \boldsymbol{w} = -\boldsymbol{H}^{-1}\boldsymbol{g} \qquad (4.14)$$

因此，牛顿法的权值更新公式为

$$\boldsymbol{w}_{k+1} = \boldsymbol{w}_k - \boldsymbol{H}_k^{-1}\boldsymbol{g}_k \qquad (4.15)$$

海赛矩阵 $\boldsymbol{H}$ 是误差函数的二阶导数，它给出了梯度向量变化量的精确值。比较公式（4.4）和公式（4.15）知，海赛矩阵的逆矩阵给出了最适步长。

（3）高斯-牛顿法。如果采用牛顿法更新权值，为了获得海赛矩阵 $\boldsymbol{H}$，就必须计算总误差函数的二阶导数，这样计算量过大。为了简化计算过程，引入雅可比矩阵 $\boldsymbol{J}$：

$$
\boldsymbol{J} = \begin{bmatrix} \dfrac{\partial e_{1,1}}{\partial w_1} & \dfrac{\partial e_{1,1}}{\partial w_2} & \cdots & \dfrac{\partial e_{1,1}}{\partial w_N} \\[2mm] \dfrac{\partial e_{1,2}}{\partial w_1} & \dfrac{\partial e_{1,2}}{\partial w_2} & \cdots & \dfrac{\partial e_{1,2}}{\partial w_N} \\[2mm] \vdots & \vdots & \vdots & \vdots \\[2mm] \dfrac{\partial e_{1,M}}{\partial w_1} & \dfrac{\partial e_{1,M}}{\partial w_2} & \cdots & \dfrac{\partial e_{1,M}}{\partial w_N} \\[2mm] \vdots & \vdots & \vdots & \vdots \\[2mm] \dfrac{\partial e_{P,1}}{\partial w_1} & \dfrac{\partial e_{P,1}}{\partial w_2} & \cdots & \dfrac{\partial e_{P,1}}{\partial w_N} \\[2mm] \dfrac{\partial e_{P,2}}{\partial w_1} & \dfrac{\partial e_{P,2}}{\partial w_2} & \cdots & \dfrac{\partial e_{P,2}}{\partial w_N} \\[2mm] \vdots & \vdots & \vdots & \vdots \\[2mm] \dfrac{\partial e_{P,M}}{\partial w_1} & \dfrac{\partial e_{P,M}}{\partial w_2} & \cdots & \dfrac{\partial e_{P,M}}{\partial w_N} \end{bmatrix} \tag{4.16}
$$

将公式（4.1）和公式（4.3）代入，得梯度向量的各分量为

$$
g_i = \frac{\partial E}{\partial w_i} = \frac{\partial \left(\dfrac{1}{2} \sum\limits_{p=1}^{P} \sum\limits_{m=1}^{M} e_{p,m}^2 \right)}{\partial w_i} = \sum_{p=1}^{P} \sum_{m=1}^{M} \left(\frac{\partial e_{p,m}}{\partial w_i} e_{p,m} \right) \tag{4.17}
$$

观察公式（4.16）和公式（4.17）知，雅可比矩阵 $\boldsymbol{J}$ 与梯度向量 $\boldsymbol{g}$ 间的关系为

$$
\boldsymbol{g} = \boldsymbol{J} \boldsymbol{e} \tag{4.18}
$$

式中，误差向量 $\boldsymbol{e}$ 为

$$
\boldsymbol{e} = \begin{bmatrix} e_{1,1} \\ e_{1,2} \\ \vdots \\ e_{1,M} \\ \vdots \\ e_{P,1} \\ e_{P,2} \\ \vdots \\ e_{P,M} \end{bmatrix} \tag{4.19}
$$

将公式（4.1）代入公式（4.12），则海赛矩阵中第 i 行第 j 列的元素为

$$h_{i,j} = \frac{\partial^2 E}{\partial w_i \partial w_j} = \frac{\partial^2 \left(\frac{1}{2} \sum\limits_{p=1}^{P} \sum\limits_{m=1}^{M} e_{p,m}^2 \right)}{\partial w_i \partial w_j} = \sum\limits_{p=1}^{P} \sum\limits_{m=1}^{M} \frac{\partial e_{p,m}}{\partial w_i} \frac{\partial e_{p,m}}{\partial w_j} + S_{i,j} \quad (4.20)$$

其中,

$$S_{i,j} = \sum\limits_{p=1}^{P} \sum\limits_{m=1}^{M} \frac{\partial^2 e_{p,m}}{\partial w_i \partial w_j} e_{p,m} \quad (4.21)$$

牛顿法的基本假定是 $S_{i,j}$ 接近于零,海赛矩阵 $\boldsymbol{H}$ 与雅可比矩阵 $\boldsymbol{J}$ 的关系为

$$\boldsymbol{H} \approx \boldsymbol{J}^{\mathrm{T}} \boldsymbol{J} \quad (4.22)$$

观察公式 (4.15)、公式 (4.18) 和公式 (4.22) 知,高斯-牛顿法的权值更新公式为

$$\boldsymbol{w}_{k+1} = \boldsymbol{w}_k - (\boldsymbol{J}_k^{\mathrm{T}} \boldsymbol{J}_k)^{-1} \boldsymbol{J}_k \boldsymbol{e}_k \quad (4.23)$$

高斯-牛顿法比牛顿法 [公式 (4.15)] 的优势在于前者不需要计算总误差函数的二阶导数,而只需计算雅可比矩阵。然而,高斯-牛顿法对于复杂误差响应面仍会存在类似牛顿法的收敛性问题,在数学上表现为矩阵 $\boldsymbol{J}^{\mathrm{T}} \boldsymbol{J}$ 不可逆。

(4) LM 算法。为保证近似海赛矩阵 $\boldsymbol{J}^{\mathrm{T}} \boldsymbol{J}$ 可逆,LM 算法提出另外一种海赛矩阵近似算法:

$$\boldsymbol{H} \approx \boldsymbol{J}^{\mathrm{T}} \boldsymbol{J} + \mu \boldsymbol{I} \quad (4.24)$$

式中: μ 为混合系数,为一个正数; $\boldsymbol{I}$ 为单位矩阵。由公式 (4.24) 可知,近似海赛矩阵主对角元均比零大,因此,该近似海赛矩阵必然可逆。观察公式 (4.23) 和公式 (4.24) 知,LM 算法的权值更新公式为

$$\boldsymbol{w}_{k+1} = \boldsymbol{w}_k - (\boldsymbol{J}_k^{\mathrm{T}} \boldsymbol{J}_k + \mu \boldsymbol{I})^{-1} \boldsymbol{J}_k \boldsymbol{e}_k \quad (4.25)$$

作为最速下降法和高斯-牛顿法的混合算法,LM 算法训练时自动在两种算法间切换。当混合系数 μ 非常小的时候 (接近零),公式 (4.25) 近似于公式 (4.23),此时为高斯-牛顿法。当混合系数 μ 非常大的时候,公式 (4.25) 近似于公式 (4.4),此时为最速下降法。如果混合系数 μ 非常大,则它和最速下降法学习速率间存在如下关系:

$$\alpha = \frac{1}{\mu} \quad (4.26)$$

表 4.1 总结了以上各算法的权值更新公式和特点。

表 4.1　　　　　　　　　　各 训 练 算 法 总 结

算　法	权值更新公式	收敛性	计算复杂度
最速下降法	$\boldsymbol{w}_{k+1} = \boldsymbol{w}_k - \alpha \boldsymbol{g}_k$	稳定、慢	梯度
牛顿法	$\boldsymbol{w}_{k+1} = \boldsymbol{w}_k - \boldsymbol{H}_k^{-1} \boldsymbol{g}_k$	不稳定、快	梯度和海赛矩阵

续表

算　法	权值更新公式	收敛性	计算复杂度
高斯-牛顿法	$w_{k+1} = w_k - (J_k^{\mathrm{T}} J_k)^{-1} J_k e_k$	不稳定、快	雅可比矩阵
LM 算法	$w_{k+1} = w_k - (J_k^{\mathrm{T}} J_k + \mu I)^{-1} J_k e_k$	稳定、快	雅可比矩阵

3. 早停止策略

为了增强通过 LM 算法得到的网络的泛化能力，引入早停止策略。早停止策略将率定样本分为两部分：训练集和测试集。训练集用来计算梯度、更新网络权值和偏置值，测试集误差在训练过程中受到监测。通常情况下，训练集误差和测试集误差在训练起始阶段同时下降，然而，当开始发生过拟合时，测试集误差通常会增大，当测试集误差连续若干次迭代不断增大时，训练停止并返回测试集误差最小时对应的权值和偏置值。

4.5.1.3　集成神经网络个体网络生成方法

新型集成神经网络模型通过对个体网络进行编码和优化来生成有限个个体网络，进而组成集成神经网络。在进行个体网络的编码和优化前，输入输出样本需要进行预处理，使它们的范围限制在 $[0.1, 0.9]$ 内，预处理公式为

$$x_i^{(\mathrm{norm})} = 0.1 + \frac{0.8(x_i - x_{\min})}{x_{\max} - x_{\min}} \tag{4.27}$$

式中：$x_i^{(\mathrm{norm})}$、x_i、$x_{\min}$ 和 $x_{\max}$ 分别表示样本的标准化值、实测值、最小值和最大值。三层反向传播神经网络的拓扑结构和网络参数通过一种特殊的编码方式（见图 4.7）编码到一个实数序列中，将这个实数序列作为 NSGA-Ⅱ 算法的决策变量进行进化。

图 4.7　三层反向传播神经网络拓扑结构和
网络参数编码方式

图 4.7 中，f_i 表示第 i 个隐含层神经元是否存在，如果 $f_i < 0.5$，则存在，否则不存在；M 表示隐含层神经元最大个数，通过下式确定[194-195]：

$$M \leqslant 2R + 1 \text{ 和 } M \leqslant n_c / (S1 + 1) \tag{4.28}$$

式中：n_c 为率定样本个数。为了提高优化效率，需要事先确定决策变量的上下限，尽量减小搜索空间的大小。f_i 表示某隐含层神经元是否存在，故其范围为 $[0, 1]$。权值和偏置值的范围确定方法如下：tansig 函数的活动范围是 $[-1.5, 1.5]$，与活动范围对应的输出范围是 $[-0.9051, 0.9051]$，对于输入

层到隐含层,可列出不等式组:

$$\begin{cases} -1.5 \leqslant R \times W_{ij} \times 0.1 + B_i \leqslant 1.5 \\ -1.5 \leqslant R \times W_{ij} \times 0.9 + B_i \leqslant 1.5 \end{cases} \quad (4.29)$$

解这个不等式组可得,W_{ij} 和 B_i 的范围分别是 $[-3.75/R,3.75/R]$ 和 $[-1.875,1.875]$。因为个体网络输出的范围是 $[0.1,0.9]$,对于隐含层到输出层,可列出不等式组:

$$\begin{cases} 0.1 \leqslant S1 \times W_i \times (-0.9051) + B \leqslant 0.9 \\ 0.1 \leqslant S1 \times W_i \times 0.9051 + B \leqslant 0.9 \end{cases} \quad (4.30)$$

解这个不等式组可得,W_i 和 B 的范围分别是 $[-0.4419/S1,0.4419/S1]$ 和 $[0.1,0.9]$。优化中 NSGA-Ⅱ算法的目标函数有两个,分别为

$$训练误差,最小化:MSE = \frac{1}{n_c} \sum_{i=1}^{n_c} (O_i - \hat{O}_i)^2 \quad (4.31)$$

$$拓扑结构复杂度,最小化:TC = S1 \quad (4.32)$$

式中:O_i 和 $\hat{O}_i$ 分别为实测的和模拟的输出。图 4.7 中所示的决策变量由 NSGA-Ⅱ算法进化,进化完毕后获得的一阶帕累托前沿中的各解即为各最优个体网络,经解码后生成所有最优个体网络。由于 NSGA-Ⅱ算法局部寻优能力较弱,故生成的个体网络的权值和偏置值还需要经过早停止 LM 算法进行精细训练。在本书中,率定期样本的 3/4 用来作为训练集,余下的率定期样本用来作为测试集。

4.5.1.4 集成神经网络个体网络权重生成方法

个体网络生成完毕后,需要给每个个体网络赋予一个权重并根据此权重对个体网络输出进行加权平均求得集成神经网络的总输出。本书采用基于 AIC 信息准则的个体网络权重生成方法。AIC 信息准则的概念见公式 (2.15)。式中 p 为个体网络中自由参数的个数,即个体网络中参数总数加 1。因为每个隐含层神经元和输出层神经元对应着一个偏置项,个体网络的 p 值计算公式如下:

$$p = RS1 + N_oS1 + S1 + N_o + 1 \quad (4.33)$$

式中,N_o 为输出层神经元个数。前两项为个体网络中权值的个数,紧随其后的两项为个体网络中偏置值的个数。AIC 信息准则对于多余的参数实施惩罚,基于 AIC 信息准则进行模型选择可以在保证模拟精度的前提下选出结构更简单的模型。基于 AIC 信息准则进行模型比较与选择涉及两个指标:Delta_AIC 和 Akaike_weight。Delta_AIC(Δ_i)反映了每个模型与最优模型间的差别,由式 (4.34) 计算:

$$\Delta_i = AIC_i - minAIC \quad (4.34)$$

式中:AIC_i 为第 i 个模型的 AIC 值;minAIC 为最优模型的 AIC 值。Akaike_

weight（w_i）反映了单个模型的 Δ_i 值在所有 m 个模型中所占的比例。Akaike_weight 的计算公式如下[196]：

$$w_i = \frac{\exp(-\Delta_i/2)}{\sum\limits_{j=1}^{m} \exp(-\Delta_j/2)} \qquad (4.35)$$

对于反向传播神经网络模型，由于模型参数众多，Δ_i 的变化范围通常很大，故由公式（4.35）计算的一些个体网络的权重可能会非常小（接近于零），权重接近零的个体网络对集成神经网络的输出贡献非常小，这就减弱了这些个体网络对提高集成神经网络泛化能力的作用。故公式（4.35）不能直接使用，需要进行一些改进。为了使每个个体网络对集成神经网络的贡献都能被充分利用起来，本研究采用 Delta_AIC 的修正值 delta_AIC：

$$(\Delta_m)_i = 1 + \frac{\Delta_i - \Delta_{\min}}{\Delta_{\max} - \Delta_{\min}}\beta \qquad (4.36)$$

式中：$\Delta_{\min}$ 和 $\Delta_{\max}$ 分别为最优个体网络和最差个体网络的 Delta_AIC 值；$(\Delta_m)_i$ 为第 i 个个体网络的 delta_AIC 值；β 为一个常数，决定了 delta_AIC 的范围，较小的 β 对应于分布更加均匀的 Δ_m，较大的 β 对应于分布更加多样化的 Δ_m。因为 β 是分布多样性的衡量指标，故其计算公式为

$$\beta = \frac{\text{Div}_{\max}}{\text{Div}_{\min}} \qquad (4.37)$$

式中：$\text{Div}_{\max}$ 为个体网络多样性的最大值；$\text{Div}_{\min}$ 为个体网络多样性的最小值。个体网络多样性通过率定样本进行计算。对于每个率定样本，第 i 个个体网络的输出是 O_i，将各个体网络的输出求平均值，得到平均输出 $\bar{O}$，则第 i 个个体网络的多样性计算公式如下：

$$\text{Div}_i = \sqrt{\frac{(O_i - \bar{O})^2}{n_c}} \qquad (4.38)$$

式中：n_c 为率定样本的个数。因为具有最小 AIC 值的模型是最优模型，故个体网络权重值应与 delta_AIC 按比例呈倒数关系。考虑到所有个体网络权重之和应为 1（$\sum_i \lambda_i = 1$）且每个权重非负（$\lambda_i \geqslant 0$），则集成神经网络中个体网络的权重为

$$\lambda_i = \frac{1/(\Delta_m)_i}{\sum\limits_{j=1}^{m} 1/(\Delta_m)_j} \qquad (4.39)$$

式中：λ_i 为第 i 个个体网络的权重。当 β 为零时，$(\Delta_m)_i$ 分布均匀，此时的加权方式为简单平均集成神经网络。当 β 趋向于无穷时，只有一个 $(\Delta_m)_i$ 值能够发挥作用，此时的加权方式为单一的个体网络。

4.5.2 PB_R 模型率定方法

PB_R 模型的率定涉及两个映射关系的确定：①IVS$_{SWCR}$，滑窗累积雨量候选输入向量的基于偏互信息的输入变量选择；②F_{EBPNN}，EPBNN 出流量预测。

IVS$_{SWCR}$：为了确定哪些滑窗累积雨量应被选入最优输入向量，首先，对于每场洪水，根据公式（2.38），使用率定集生成候选输入输出样本对 $\boldsymbol{X}_t^{(SWCR)} \sim Q_t^{(OBS)}$。各场洪水样本分别生成完毕后，将这些样本混合在一起并使用基于偏互信息的输入变量选择算法进行降雨量输入变量的选择。

F_{EBPNN}：IVS$_{SWCR}$ 确定后可依此生成最优输入输出样本对 $\boldsymbol{X}_t^{(S)} = IVS_{SWCR}(\boldsymbol{X}_t^{(SWCR)}) \sim Q_t^{(OBS)}$，这些样本对作为 EBPNN 的率定样本对 EBPNN 进行率定。

4.5.3 PB_DR 模型率定方法

PB_DR 模型的率定涉及三个映射关系的确定：①IVS$_{Q\_FOC}$，预报前期流量候选输入向量的基于偏互信息的输入变量选择；②IVS$_{SWCR}$，滑窗累积雨量候选输入向量的基于偏互信息的输入变量选择；③F_{EBPNN}，EPBNN 出流量预测。

IVS$_{Q\_FOC}$：为了确定哪些预报前期流量应被选入最优输入向量，首先，对于每场洪水，根据公式（2.42），使用率定集生成候选输入输出样本对 $\boldsymbol{X}_t^{(Q\_FOC)} \sim Q_t^{(OBS)}$。在率定过程中，没有预报前期流量可以用来生成输入向量 $\boldsymbol{X}_t^{(Q\_FOC)}$（因为尚未进行模型计算），故此时使用实测前期流量来代替预报前期流量生成预报前期流量候选输入向量，记为 $\hat{\boldsymbol{X}}_t^{(Q\_FOC)}$，即在率定过程中，使用式（4.40）生成 $\hat{\boldsymbol{X}}_t^{(Q\_FOC)}$：

$$\hat{\boldsymbol{X}}_t^{(Q\_FOC)} = (Q_{t-1}^{(OBS)}, Q_{t-2}^{(OBS)}, \cdots, Q_{t-n_Q}^{(OBS)})^T \tag{4.40}$$

各场洪水样本分别生成完毕后，将这些样本混合在一起组成 $\hat{\boldsymbol{X}}_t^{(Q\_FOC)} \sim Q_t^{(OBS)}$ 样本集，使用基于偏互信息的输入变量选择算法进行预报前期流量输入变量的选择。选择完毕后可以确定哪些实测前期流量被选入最优输入向量 IVS$_{Q\_FOC}(\hat{\boldsymbol{X}}_t^{(Q\_FOC)})$，在模型模拟阶段，这些选入的实测前期流量将用预报前期流量代替，实现非实时校正模式下的连续模拟。

IVS$_{SWCR}$：率定方法同 PB_R 模型。

F_{EBPNN}：IVS$_{Q\_FOC}$ 和 IVS$_{SWCR}$ 确定后可依此生成最优输入输出样本对 $\hat{\boldsymbol{X}}_t^{(S)} = [IVS_{Q\_FOC}(\hat{\boldsymbol{X}}_t^{(Q\_FOC)}), IVS_{SWCR}(\boldsymbol{X}_t^{(SWCR)})]^T \sim Q_t^{(OBS)}$，这些样本对作为 EBPNN 的率定样本对 EBPNN 进行率定。

4.5.4　PBK 模型率定方法

PBK 模型的率定涉及四个映射关系的确定：①IVS_{Q_SIM}，模拟前期流量候选输入向量的基于偏互信息的输入变量选择；②IVS_{SWCR}，滑窗累积雨量候选输入向量的基于偏互信息的输入变量选择；③F_{EBPNN}，EPBNN 出流量预测；④F_{KNN}，KNN 出流量误差预测。

IVS_{Q_SIM}：为了确定哪些模拟前期流量应被选入最优输入向量，首先，对于每场洪水，根据公式（2.47），使用率定集生成候选输入输出样本对 $\boldsymbol{X}_t^{(Q\_SIM)} \sim Q_t^{(OBS)}$。在率定过程中，没有模拟前期流量可以用来生成输入向量 $\boldsymbol{X}_t^{(Q\_SIM)}$（因为尚未进行模型计算），故此时使用实测前期流量来代替模拟前期流量生成模拟前期流量候选输入向量，记为 $\hat{\boldsymbol{X}}_t^{(Q\_SIM)}$，即在率定过程中，使用下式生成 $\hat{\boldsymbol{X}}_t^{(Q\_SIM)}$

$$\hat{\boldsymbol{X}}_t^{(Q\_SIM)} = (Q_{t-1}^{(OBS)}, Q_{t-2}^{(OBS)}, \cdots, Q_{t-n_Q}^{(OBS)})^{\text{T}} \tag{4.41}$$

各场洪水样本分别生成完毕后，将这些样本混合在一起组成 $\hat{\boldsymbol{X}}_t^{(Q\_SIM)} \sim Q_t^{(OBS)}$ 样本集，使用基于偏互信息的输入变量选择算法进行模拟前期流量输入变量的选择。选择完毕后可以确定哪些实测前期流量被选入最优输入向量 $\text{IVS}_{Q\_SIM}(\hat{\boldsymbol{X}}_t^{(Q\_SIM)})$，在模型模拟阶段，这些选入的实测前期流量将用模拟前期流量代替，实现非实时校正模式下的连续模拟。

IVS_{SWCR}：率定方法同 PB_R 模型。

F_{EBPNN}：IVS_{Q_SIM} 和 IVS_{SWCR} 确定后可依此生成最优输入输出样本对 $\hat{\boldsymbol{X}}_t^{(S)} = [\text{IVS}_{Q\_SIM}(\hat{\boldsymbol{X}}_t^{(Q\_SIM)}), \text{IVS}_{SWCR}(\boldsymbol{X}_t^{(SWCR)})]^{\text{T}} \sim Q_t^{(OBS)}$，这些样本对作为 EBPNN 的率定样本对 EBPNN 进行率定。

F_{KNN}：F_{EBPNN} 率定完毕后使用 $\hat{\boldsymbol{X}}_t^{(S)}$ 和率定完毕的 EBPNN 根据公式（2.41）计算预报出流量序列 $Q_t^{(FOC)}$，然后由 $E_t^{(FOC)} = Q_t^{(OBS)} - Q_t^{(FOC)}$ 计算出流量误差序列 $E_t^{(FOC)}$。最后，使用输入输出样本对 $\hat{\boldsymbol{X}}_t^{(S)} \sim E_t^{(FOC)}$ 率定 K 最近邻算法的参数 K。

4.6　半数据驱动模型率定方法

4.6.1　CLS 模型率定方法

CLS 模型率定指根据实测输入矩阵 $\boldsymbol{H}$ 和实测出流量向量 $\boldsymbol{Q}$ 确定最优响应函

数 U，使得预测误差平方和 $\boldsymbol{\varepsilon}^{\mathrm{T}}\boldsymbol{\varepsilon}$ 最小化。CLS 模型率定过程见图 4.8。

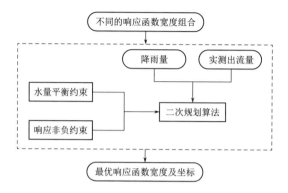

图 4.8 CLS 模型率定过程

优化的目标函数为

$$\min OBJ(\boldsymbol{\varepsilon}^{\mathrm{T}}\boldsymbol{\varepsilon}) = \frac{1}{2}\boldsymbol{U}^{\mathrm{T}}\boldsymbol{H}^{\mathrm{T}}\boldsymbol{HU} - \boldsymbol{U}^{\mathrm{T}}\boldsymbol{H}^{\mathrm{T}}\boldsymbol{Q} \tag{4.42}$$

除了上述目标函数，CLS 模型还考虑了两个约束条件

$$\begin{cases} \boldsymbol{GU} = \alpha \\ \boldsymbol{U} \geqslant 0 \end{cases} \tag{4.43}$$

式中：$\boldsymbol{G}$ 为系数矩阵。$\boldsymbol{GU} = \alpha$ 为水量平衡约束条件，即 $\boldsymbol{U}$ 的坐标之和必须与平均径流系数 α 相等。$\boldsymbol{U} \geqslant 0$ 表示响应函数的坐标非负。CLS 模型通过二次规划算法优化。各子响应函数的宽度（即 k_1，k_2 和 k_3）由试算法确定。对每个可能的 k_1，k_2，k_3 组合，通过二次规划算法率定 CLS 模型并记录预报误差。当所有组合试算完毕后，选择对应最小预报误差的 k_1，k_2，k_3 组合作为最优响应函数宽度。

4.6.2 IHACRES 模型率定方法

IHACRES 模型由 SCE - UA 算法率定，待优化参数的上下限见表 3.2，模型优化过程见图 4.9。IHACRES 模型的率定分为两个过程：首先率定日模型并计算日状态变量，然后使用对应的日状态变量作为初始状态变量率定次洪模型。率定日模型和次洪模型的目标函数为

$$OBJ_{\mathrm{d}} = \frac{1}{N_{\mathrm{d}}} \sum_{i=1}^{N_{\mathrm{d}}} \left(\sqrt{Q_i^{(\mathrm{OBS\_d})}} - \sqrt{Q_i^{(\mathrm{SIM\_d})}} \right)^2 \tag{4.44}$$

$$OBJ_{\mathrm{h}} = \frac{1}{N_{\mathrm{h}}} \sum_{j=1}^{N_{\mathrm{h}}} \left| (Q_j^{(\mathrm{OBS\_h})})^2 - (Q_j^{(\mathrm{SIM\_h})})^2 \right| \tag{4.45}$$

式中：OBJ_{d} 和 OBJ_{h} 分别表示日模型和次洪模型的目标函数；N_{d} 和 N_{h} 分别

表示日模型和次洪模型数据个数；$Q_i^{(\text{OBS\_d})}$ 和 $Q_i^{(\text{SIM\_d})}$ 分别表示 i 时刻日模型实测的和模拟的出流量；$Q_j^{(\text{OBS\_h})}$ 和 $Q_j^{(\text{SIM\_h})}$ 分别表示 j 时刻次洪模型实测的和模拟的出流量。通过 SCE – UA 算法率定 IHACRES 模型时，对于一组进化好的模型参数，水量平衡参数 c 可由实测降雨和出流量资料求得，不需要参与优化。

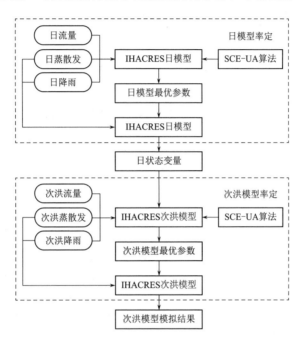

图 4.9　IHACRES 模型优化过程

4.6.3　XPBK 模型率定方法

XPBK 模型次洪模型的新安江产流计算模块需要各场洪水的初始土壤含水量才能完成模型的率定，这些初始土壤含水量由新安江产流计算模块日模型的连续模拟获得。在进行日模型连续模拟前，需要对新安江产流计算模块日模型参数进行调试，通常采用人工客观优选法，以水量平衡作为目标函数。

由于新安江产流计算模块中的参数与计算时段长无关，故次洪模型的产流参数与日模型取相同的值。次洪模型进行率定时，首先运行产流计算模块，求出透水和不透水面积上的产流量序列，然后按照公式（4.46）：

$$Q_t^{(\text{FOC})} = F_{\text{PBK}} \big[Q_{t-1}^{(\text{SIM})}, Q_{t-2}^{(\text{SIM})}, \cdots, Q_{t-n_Q}^{(\text{SIM})}$$

$$Q_t^{(\text{A})}, Q_{t-1}^{(\text{A})}, \cdots, Q_{t-n_A+1}^{(\text{A})}, Q_t^{(\text{B})}, Q_{t-1}^{(\text{B})}, \cdots, Q_{t-n_B+1}^{(\text{B})} \big] \tag{4.46}$$

生成 PBK 汇流计算模块的输入输出样本，最后依照 PBK 模型率定方法对 PBK 汇流计算模块进行率定。XPBK 模型率定过程见图 4.10。

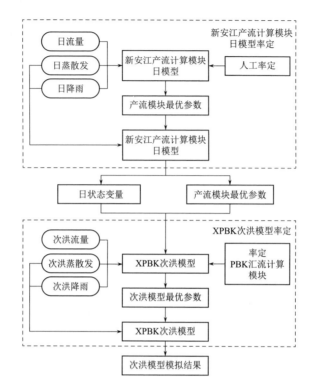

图 4.10　XPBK 模型率定过程

4.7　新安江模型率定方法

新安江三水源模型是由河海大学水文系水文预报教研室在赵人俊教授的带领下研制，并逐步完善起来的一个概念性降雨—径流模型[197]。模型主要适应于湿润与半湿润地区，计算精度高，被广泛应用于国内外水文预报工作中。新安江模型参数见表 4.2。

表 4.2　　　　　　　　　　　　新 安 江 模 型 参 数

参　数　名	参　数　意　义	范围和单位
K	蒸散发折算系数	0.1~1.5（—）
B	流域蓄水容量分布曲线指数	0.1~0.9（—）
C	深层散发系数	0.1~0.3（—）
WUM	上层张力水容量	5~20（mm）
WLM	下层张力水容量	60~90（mm）

参 数 名	参 数 意 义	范围和单位
WDM	深层张力水容量	15~190（mm）
IM	不透水面积比例	0.01~0.05（—）
SM	自由水容量	10~60（mm）
EX	流域自由水容量分布曲线指数	1~2（—）
KG	地下水日出流系数	0.01~0.69（—）
KI	壤中水日出流系数	0.01~0.69（—）
CG	地下水日消退系数	0~1（—）
CI	壤中水日消退系数	0~1（—）
CS	河网水流消退系数	0~1（—）
L	河网汇流滞时	0~10
XE	河道汇流的马法参数	−0.5~0.5（—）

本书中的新安江模型由 SCE-UA 算法率定。新安江模型的率定分为两个过程：首先率定日模型并计算日状态变量，然后使用对应的日状态变量作为初始状态变量率定次洪模型。率定日模型和次洪模型的目标函数为

$$
OBJ_d = \begin{cases} \dfrac{1}{N_d} \sum\limits_{i=1}^{N_d} \left(\sqrt{Q_i^{(\mathrm{OBS\_d})}} - \sqrt{Q_i^{(\mathrm{SIM\_d})}} \right)^2 \\ \quad + ST_1^{(d)} + ST_2^{(d)} &, 当\ WU_i\ 且\ WL_i\ 且\ WD_i \geqslant 0\ 时 \\ \lambda &, 当\ WU_i\ 或\ WL_i\ 或\ WD_i < 0\ 时 \end{cases}
$$

$$(4.47)$$

$$
OBJ_h = \begin{cases} \dfrac{1}{N_h} \sum\limits_{j=1}^{N_h} \left| (Q_j^{(\mathrm{OBS\_h})})^2 - (Q_j^{(\mathrm{SIM\_h})})^2 \right| \\ \quad + ST_1^{(h)} + ST_2^{(h)} &, 当\ WU_j\ 且\ WL_j\ 且\ WD_j \geqslant 0\ 时 \\ \lambda &, 当\ WU_j\ 或\ WL_j\ 或\ WD_j < 0\ 时 \end{cases}
$$

$$(4.48)$$

$$
ST_1^{(d)} = \lambda \left| \min(0, C_G^{(d)} - C_I^{(d)}) \right|, \quad ST_2^{(d)} = \lambda \left| \min(0, C_I^{(d)} - C_S^{(d)}) \right| \quad (4.49)
$$

$$
ST_1^{(h)} = \lambda \left| \min(0, C_G^{(h)} - C_I^{(h)}) \right|, \quad ST_2^{(h)} = \lambda \left| \min(0, C_I^{(h)} - C_S^{(h)}) \right| \quad (4.50)
$$

式中：OBJ_d 和 OBJ_h 分别表示日模型和次洪模型的目标函数；N_d 和 N_h 分别表示日模型和次洪模型数据个数；$Q_i^{(\mathrm{OBS\_d})}$ 和 $Q_i^{(\mathrm{SIM\_d})}$ 分别表示 i 时刻日模型实测的和模拟的出流量；$Q_j^{(\mathrm{OBS\_h})}$ 和 $Q_j^{(\mathrm{SIM\_h})}$ 分别表示 j 时刻次洪模型实测的和模拟的出流量；$ST_1^{(d)}$ 和 $ST_2^{(d)}$ 分别表示日模型约束条件 $C_G^{(d)} \geqslant C_I^{(d)}$ 和 $C_I^{(d)} \geqslant C_S^{(d)}$；$C_G^{(d)}$、$C_I^{(d)}$ 和 $C_S^{(d)}$ 分别表示日模型地下水消退系数、壤中流消退系数和河网水流消退系

数；$ST_1^{(h)}$ 和 $ST_2^{(h)}$ 分别表示次洪模型约束条件 $C_G^{(h)} \geqslant C_I^{(h)}$ 和 $C_I^{(h)} \geqslant C_S^{(h)}$；$C_G^{(h)}$、$C_I^{(h)}$ 和 $C_S^{(h)}$ 分别表示次洪模型地下水消退系数、壤中流消退系数和河网水流消退系数；λ 为惩罚系数，即一个非常大的正数（本书中取 10^{50}）；WU_i 且 WL_i 且 $WD_i \geqslant 0$ 和 WU_j 且 WL_j 且 $WD_j \geqslant 0$ 表示所有的 WU、WL 和 WD 非负；WU_i 或 WL_i 或 $WD_i < 0$ 和 WU_j 或 WL_j 或 $WD_j < 0$ 表示 WU、WL 和 WD 中至少有一个为负。

4.8　小结

本章对四个数据驱动模型（EBPNN、PB_R、PB_DR 和 PBK 模型）、三个半数据驱动模型（CLS、IHACRES 和 XPBK 模型）和一个概念性模型（新安江模型）进行了分析，结合当前较为前沿的水文模型优化技术，提出了它们的率定方法。本章对水文模型参数优化领域广泛使用的全局优化算法——SCE-UA 算法进行了介绍。本章对用于神经网络模型优化的进化多目标算法和神经网络模型拓扑结构和网络参数优化方法的研究进展进行了回顾。本章的主要创新点如下：

（1）提出了新型集成神经网络模型（EPBNN）的率定方法。提出了个体网络生成方法，该法通过一种特殊的编码方式将 EBPNN 中的所有个体网络的拓扑结构和网络参数包含到 NSGA-II 多目标优化算法的决策变量中，通过 NSGA-II 算法同时优化个体网络的个数、每个个体网络的拓扑结构和网络参数，并通过早停止 LM 算法对个体网络进行进一步的精细训练。率定中通过多目标优化算法同时且无偏地考虑了训练误差和拓扑结构的最小化，得到一个帕累托最优前沿，该前沿包含了所有全局最优个体网络。

（2）提出了个体网络权重生成方法，该法使用基于 AIC 信息准则的个体网络权重同时考虑了模拟精度和网络复杂度，具有良好的应用效果。通过本章提出的个体网络生成方法和个体网络权重生成方法得到的 EBPNN 具有模拟精度高、泛化能力好和网络复杂程度合理的优势。

（3）提出了 PB_R、PB_DR 和 PBK 模型的率定方法，率定方法使用简便，自动化程度高，率定结果客观，受人为因素影响很小。

（4）提出了 XPBK 模型的率定方法，该法分别率定概念性产流模块和数据驱动汇流模块，取得了良好的应用效果。

第5章 降雨—径流模拟应用与比较

5.1 概述

本章将三个数据驱动模型（PB_R、PB_DR 和 PBK 模型）、三个半数据驱动模型（CLS、IHACRES 和 XPBK 模型）及一个概念性模型（新安江模型）在三个典型研究流域（包括了湿润流域、半湿润流域和半干旱流域）进行次洪降雨—径流模拟应用、比较和敏感性分析。通过三个误差评定准则（纳须效率系数、均方根误差和平均绝对值误差）考察数据驱动模型、半数据驱动模型和概念性模型模拟能力的强弱。以这三类模型的模拟结果为基础进行分析，讨论模拟精度差别的原因。为了考察 PBK、IHACRES 和新安江模型初始出流量和状态变量的稳定性，提出了敏感度的概念，使用蒙特卡洛随机采样法对 PBK、新安江和 IHACRES 模型初始流量和状态变量进行敏感性分析。由于新安江模型为分单元式模型，其敏感度不能直接与集总式 PBK 和 IHACRES 模型进行比较，故对分单元式新安江模型敏感性分析方法进行了改进，以确保在同分布随机扰动下考察这三个模型的敏感度，使敏感性分析结果更为合理。

5.2 研究区域和资料概况

本书将各模型应用于三个典型研究流域：呈村（湿润流域）、东湾（半湿润流域）和志丹（半干旱流域）。流域图和流域特征统计见图 5.1 和表 5.1。三个流域的蒸散发数据均由 E-601 蒸发皿测得。

表 5.1　　　　　　　　　三个研究流域特征统计

流域名	面积 /km²	年平均降雨量 /mm	年平均蒸散发量 /mm	年平均径流量 /(m³/s)
呈村	290	1600	730.9	5440.9
东湾	2856	700	1316.6	6814.7
志丹	774	509.8	1009.4	188.7

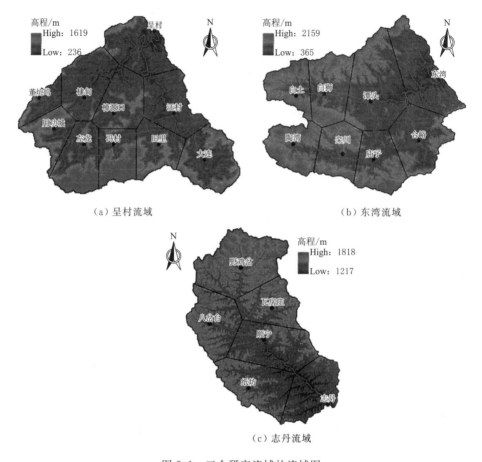

（a）呈村流域   （b）东湾流域

（c）志丹流域

图 5.1   三个研究流域的流域图

5.2.1   呈村流域

呈村流域位于安徽省的钱塘江流域，流域面积 290km²。该流域位于亚热带季风气候区，年平均温度 17℃，年平均降水量 1600mm，其中 4—6 月多雨，占 50%，易发生洪涝灾害，7—9 月占 20%，旱灾频繁。河川径流年内、年际变化较大，属于典型的湿润地区。

将研究流域按照泰森多边形划分成 10 个子流域。研究区内有 10 个雨量站：呈村、汪村、樟源口、棣甸、董坑坞、用功城、左龙、冯村、田里和大连。选取 1990—1999 年的降雨和蒸散发能力资料，以及呈村站同系列的实测流量资料进行日模型计算，选取 1990—1999 年 20 场次洪资料进行次洪模型计算（其中 14 场用于模型率定，6 场用于模型检验）。蒸发站为呈村站。

5.2.2　东湾流域

东湾流域位于伊洛河上游。伊洛河包括伊河、洛河两条河流，洛河是黄河十大支流之一，是黄河三门峡以下的最大支流，伊河是洛河第一大支流。由于伊河流域面积占洛河的 $1/3$，远超过其他支流，自成一个流域和水系，因此，常把伊河和洛河两条河流合称为伊洛河。伊河发源于熊耳山南麓的栾川县陶湾乡的闷敦岭，流经嵩县、伊川，穿伊阙而入洛阳，至偃师杨村注入洛水。伊河干流全长 264.8km，流域面积约 6100km²，多年平均径流量 12.96 亿 m³，龙门站多年平均流量 3827m³/s，多年平均含沙量 3.6kg/m³。流域地势总体是自西南向东北逐渐降低。气候类型属暖温带山地季风气候，冬季寒冷干燥，夏季炎热多雨。区内降水在 500～1100mm，年降水量随地形高度增加而递增，山地为多雨区，河谷及附近丘陵为少雨区，年内降雨时间分布不均，7—9 月降水量占全年的 50% 以上，年最多降水量为年最少降水量的 2.4～3 倍。流域内洪水多由暴雨产生，具有陡涨陡落、洪峰高、历时短等特点，对中下游的防洪安全具有较大影响。本研究区域为伊河河源地区，位于东经 111°～112°、北纬 33.5°～34.5° 之间，以东湾水文站作为流域控制出口，流域面积 2856km²。流域西高东低，上游林地面积大，属大陆性季风气候。降水量的分布极不均匀，年降水量随地形高度增加而递增，因而山地为多雨区，河谷及附近丘陵为少雨区。降水年际变化较大，年最大降水量是年最小降水量的 2 倍左右，且年内分配极为不均，每年 7—9 月的降水量占年降水总量的一半以上。

将研究流域按照泰森多边形划分成 8 个子流域。研究区内有 8 个雨量站：东湾、合峪、庙子、栾川、白狮、陶湾和白土。选取 1961—1996 年的降雨和蒸散发能力资料，以及东湾站同系列的实测流量资料进行日模型计算，选取 1961—1996 年 20 场次洪资料进行次洪模型计算（其中 14 场用于模型率定，6 场用于模型检验）。蒸发站有卢氏、黑石关、陆浑等站，但水文部门的蒸发站在 20 世纪 80 年代前后采用不同的蒸发器皿。目前有气象部门卢氏站采用 20cm 从 1957 年的蒸发资料，为了一致起见，采用该站的实测蒸发资料。

5.2.3　志丹流域

志丹流域的出口控制站为志丹水文站。志丹水文站位于陕西省志丹县城关镇，地处东经 108°46′，北纬 36°49′，设于 1960 年 8 月，属省级重要水文站。本站系黄河流域北洛河水系周河控制站，周河发源于靖边县周家嘴的饮马坡。上游地形分布有高山、峡谷及荒滩，坡度变化大，流域植被较差，水土流失严重。河流两岸地表为黄绵土、淤沙土、盐碱土等。该站集水面积 774km²，河长

81.3km，距河口距离 31km。志丹水文站多年平均气温为 7.8℃，多年平均降水量为 509.8mm，多年平均径流量为 0.323 亿 m³，多年平均输沙量 0.102 亿 t，实测最大洪峰流量为 2610m³/s（1977 年 7 月 6 日）。洪水由暴雨形成，涨落较快，峰型尖瘦，历时较短，中高水时受涨落影响，水位流量关系一般呈绳套型，低水受断面冲淤变化影响严重，一般较散乱。洪峰过程与沙峰过程基本同步或沙峰稍滞后，峰型相似。志丹县境内地势北高南低，四周高于中间，向周河川倾斜。海拔在 1230m 左右，地形支离破碎，川道纵横交错，山峰连绵起伏。全县大体分为河谷阶地、梁状沟壑和土石山地三大地貌类型。区域气候属于中温带半湿润—半干旱区，具有明显的大陆性季风气候特征，冬季寒冷干燥，春季干旱多风，夏季旱涝相间，秋季温凉湿润。志丹县属华北陆台鄂尔多斯台地的一部分，构造上属伊陕盾地及新华夏系一级沉降带陕甘宁盆地的中部。岩层受构造变动作用微弱，形变不明显，构造形迹简单，无大的褶皱和断裂，岩层节理呈棋盘格局。工程段出露的地层有中生界下白垩系志丹群，新生界新第三系上新统及第四系黄土。

　　将研究流域按照泰森多边形划分成 6 个子流域。研究区内有 6 个雨量站：志丹、纸坊、顺宁、八岔台、瓦房庄和野鸡岔。选取 2000—2010 年的降雨和蒸散发能力资料，以及志丹站同系列的实测流量资料进行日模型计算，选取 2000—2010 年 15 场次洪资料进行次洪模型计算（其中 10 场用于模型率定，5 场用于模型检验）。蒸发站为志丹站。

5.2.4　资料概况

　　用于研究的三个研究流域的次洪水信息统计见表 5.2。

表 5.2　　　　　　　　　用于研究的三个研究流域的次洪水信息统计

流域	率定/检验	序号	起始日期（年-月-日）	历时/h	降　雨		径　流		
					平均雨强/(mm/h)	总雨量/mm	洪峰/(m³/s)	洪量/m³	峰型
呈村	率定期	1	1990-06-14	80	1.5	118.2	469	3.01×10⁷	S
		2	1990-06-26	179	1.3	241.3	433	5.07×10⁷	M
		3	1991-04-16	192	0.8	147.3	428	4.82×10⁷	S
		4	1991-05-18	200	1.3	268.1	611	6.46×10⁷	M
		5	1992-07-01	238	0.9	221.2	737	6.76×10⁷	D
		6	1993-06-18	220	1.3	279.9	542	8.05×10⁷	M
		7	1993-06-29	351	1.6	558.7	1000	1.58×10⁸	M
		8	1994-06-08	281	2.0	562.6	715	1.41×10⁸	M

流域	率定/检验	序号	起始日期(年-月-日)	历时/h	降雨 平均雨强/(mm/h)	降雨 总雨量/mm	径流 洪峰/(m³/s)	径流 洪量/m³	峰型
呈村	率定期	9	1995－05－28	239	1.1	262.4	600	8.03×10^7	M
		10	1995－06－20	240	1.0	238.7	478	6.51×10^7	M
		11	1995－07－01	117	1.3	157.8	363	4.54×10^7	D
		12	1996－06－18	404	2.4	949.6	1190	2.56×10^8	M
		13	1998－06－10	137	0.7	95.4	316.2	2.12×10^7	S
		14	1998－06－16	147	0.8	122.4	544	3.80×10^7	S
	检验期	15	1998－06－23	91	3.6	323.7	720	8.95×10^7	M
		16	1998－07－17	254	2.5	630.2	1020	1.60×10^8	M
		17	1999－04－14	387	0.7	254.6	344.8	6.96×10^7	D
		18	1999－05－21	208	1.1	233.8	422	6.47×10^7	M
		19	1999－06－15	496	1.6	807	769	2.34×10^8	M
		20	1999－08－23	199	1.5	308	1010	8.71×10^7	M
东湾	率定期	1	1961－09－27	57	1.1	63.2	728	3.29×10^7	S
		2	1962－08－14	170	0.6	106.8	814	1.51×10^8	M
		3	1964－07－19	173	0.6	107	1265.9	1.30×10^8	D
		4	1964－05－15	121	0.6	73.3	1040	1.19×10^8	S
		5	1964－10－03	213	0.3	57.8	1460	1.66×10^8	S
		6	1965－07－09	195	0.8	161.1	943	1.65×10^8	M
		7	1965－07－19	176	0.3	53.9	1140	1.13×10^8	D
		8	1966－07－22	127	0.6	80.7	1140	4.96×10^7	S
		9	1967－07－11	89	0.6	53.1	921	6.44×10^7	S
		10	1968－09－18	81	1.0	83.3	1700	1.32×10^8	S
		11	1973－07－01	117	0.9	101	1040	7.70×10^7	S
		12	1975－08－05	193	1.5	295.1	4200	4.91×10^8	D
		13	1977－07－09	97	0.6	61.2	340	3.45×10^7	S
		14	1980－06－30	59	1.3	77.2	744	9.25×10^7	D
	检验期	15	1981－07－14	140	0.3	48.5	482	4.16×10^7	S
		16	1982－07－31	109	1.0	110.9	3500	2.29×10^8	S
		17	1983－10－03	145	0.9	137	1290	2.06×10^8	M
		18	1988－08－09	112	0.6	70.4	426	5.08×10^7	S

续表

流域	率定/检验	序号	起始日期（年-月-日）	历时/h	平均雨强/(mm/h)	总雨量/mm	洪峰/(m³/s)	洪量/m³	峰型
东湾	检验期	19	1995-08-11	153	0.5	76.4	836	7.80×10^7	S
		20	1996-08-02	97	1.1	111	1730	2.23×10^8	D
志丹	率定期	1	2000-07-27	22	0.8	17.8	162	1.93×10^6	S
		2	2001-07-25	61	0.7	42.2	106	1.84×10^6	S
		3	2001-08-15	29	0.7	20.1	137	1.75×10^6	S
		4	2001-08-16	81	1.0	82.7	196	7.01×10^6	D
		5	2002-06-08	49	1.3	62.3	202	3.28×10^6	S
		6	2002-06-18	24	1.1	25.8	300	4.32×10^6	S
		7	2002-06-26	61	0.3	21	156	2.14×10^6	M
		8	2003-08-07	46	0.2	10	24.9	521820	S
		9	2004-08-17	116	0.7	85.6	110	4.01×10^6	D
		10	2005-07-18	61	0.7	49.4	97.6	1.08×10^6	S
	检验期	11	2006-08-05	49	0.5	26.9	65.8	932760	S
		12	2007-07-25	25	1.1	28.4	74.8	2.52×10^6	M
		13	2008-08-07	29	0.2	6.8	14.5	164844	S
		14	2009-07-15	85	0.6	49.3	20.7	929052	S
		15	2010-08-11	54	0.6	29.8	104	3.19×10^6	S

注　S—单峰洪水；D—双峰洪水；M—多峰洪水。

5.3　PB_R、PB_DR 和 PBK 模型率定

5.3.1　最优输入向量

三个流域的次洪历时最小值分别为：呈村 80h，东湾 57h，志丹 22h。因此，为保证输入变量集能够包含充足的输入信息，首先尝试性地将呈村和东湾流域的阶数设置为 $n_P=n_Q=24$，志丹流域的阶数设置为 $n_P=n_Q=12$。经过基于互信息的输入变量选择，PB_R、PB_DR 和 PBK 模型在三个流域的最优输入变量见表 5.3。由选择结果可知，在呈村和东湾流域，用于生成最优滑窗累积雨量的降雨大部分介于 P_t 与 P_{t-23} 之间，只有呈村流域的一个输入 $\left(\sum_{i=12}^{24}P_{t-i}\right)$ 需要 P_{t-24}。最优预报前期流量和模拟前期流量均介于 $t-1$ 与 $t-24$ 时刻之间。因

此，变量选择结果表明 $n_P = n_Q = 24$ 对于呈村和东湾流域足够大。在志丹流域，用于生成最优滑窗累积雨量的降雨均介于 P_t 与 P_{t-11} 之间。最优预报前期流量和模拟前期流量均介于 $t-1$ 与 $t-12$ 时刻之间。因此，变量选择结果表明 $n_P = n_Q = 12$ 对于志丹流域足够大。

表 5.3　　　　　　　　　　最优输入变量及其对应的偏互信息

流域	最优输入变量			偏互信息
	PB_R	PB_DR	PBK	
呈村	$\sum_{i=12}^{24} P_{t-i}$	$\sum_{i=12}^{24} P_{t-i}$	$\sum_{i=12}^{24} P_{t-i}$	**0.6980**
	$\sum_{i=10}^{23} P_{t-i}$	$\sum_{i=10}^{23} P_{t-i}$	$\sum_{i=10}^{23} P_{t-i}$	0.3710
	$\sum_{i=9}^{23} P_{t-i}$	$\sum_{i=9}^{23} P_{t-i}$	$\sum_{i=9}^{23} P_{t-i}$	0.2477
	$\sum_{i=6}^{23} P_{t-i}$	$\sum_{i=6}^{23} P_{t-i}$	$\sum_{i=6}^{23} P_{t-i}$	0.2554
	$\sum_{i=5}^{23} P_{t-i}$	$\sum_{i=5}^{23} P_{t-i}$	$\sum_{i=5}^{23} P_{t-i}$	0.2722
	$\sum_{i=2}^{23} P_{t-i}$	$\sum_{i=2}^{23} P_{t-i}$	$\sum_{i=2}^{23} P_{t-i}$	0.3023
		$Q_{t-1}^{(FOC)}$	$Q_{t-1}^{(SIM)}$	2.3715
		$Q_{t-2}^{(FOC)}$	$Q_{t-2}^{(SIM)}$	0.5778
东湾	$\sum_{i=12}^{23} P_{t-i}$	$\sum_{i=12}^{23} P_{t-i}$	$\sum_{i=12}^{23} P_{t-i}$	**0.4796**
	$\sum_{i=10}^{23} P_{t-i}$	$\sum_{i=10}^{23} P_{t-i}$	$\sum_{i=10}^{23} P_{t-i}$	0.2940
	$\sum_{i=9}^{23} P_{t-i}$	$\sum_{i=9}^{23} P_{t-i}$	$\sum_{i=9}^{23} P_{t-i}$	0.2850
	$\sum_{i=8}^{23} P_{t-i}$	$\sum_{i=8}^{23} P_{t-i}$	$\sum_{i=8}^{23} P_{t-i}$	0.2736
	$\sum_{i=7}^{23} P_{t-i}$	$\sum_{i=7}^{23} P_{t-i}$	$\sum_{i=7}^{23} P_{t-i}$	0.3134
	$\sum_{i=4}^{23} P_{t-i}$	$\sum_{i=4}^{23} P_{t-i}$	$\sum_{i=4}^{23} P_{t-i}$	0.3528

流域	最优输入变量			偏互信息
	PB_R	PB_DR	PBK	
东湾		$Q_{t-1}^{(FOC)}$	$Q_{t-1}^{(SIM)}$	2.3705
		$Q_{t-2}^{(FOC)}$	$Q_{t-2}^{(SIM)}$	0.6261
志丹	P_{t-2}	P_{t-2}	P_{t-2}	**0.3167**
	P_{t-5}	P_{t-5}	P_{t-5}	0.1973
	P_{t-7}	P_{t-7}	P_{t-7}	0.2038
	P_{t-8}	P_{t-8}	P_{t-8}	0.1552
	P_{t-11}	P_{t-11}	P_{t-11}	0.1481
	$\sum_{i=0}^{1} P_{t-i}$	$\sum_{i=0}^{1} P_{t-i}$	$\sum_{i=0}^{1} P_{t-i}$	0.1364
	$\sum_{i=1}^{7} P_{t-i}$	$\sum_{i=1}^{7} P_{t-i}$	$\sum_{i=1}^{7} P_{t-i}$	0.1196
	$\sum_{i=1}^{11} P_{t-i}$	$\sum_{i=1}^{11} P_{t-i}$	$\sum_{i=1}^{11} P_{t-i}$	0.1018
		$Q_{t-1}^{(FOC)}$	$Q_{t-1}^{(SIM)}$	0.8386
		$Q_{t-2}^{(FOC)}$	$Q_{t-2}^{(SIM)}$	0.1642
		$Q_{t-3}^{(FOC)}$	$Q_{t-3}^{(SIM)}$	0.1334

如表 5.3 所示，呈村、东湾和志丹流域的滑窗累积雨量的最小宽度分别为 13 ($\sum\limits_{i=12}^{24} P_{t-i}$)、12 ($\sum\limits_{i=12}^{23} P_{t-i}$) 和 1 ($P_{t-2}$、$P_{t-5}$、$P_{t-7}$、$P_{t-8}$ 和 P_{t-11})。呈村和东湾流域的滑窗累积雨量的最小宽度远大于志丹流域。呈村和东湾流域分别为湿润和半湿润流域，志丹为半干旱流域。呈村流域的产流机制为蓄满产流，东湾流域的产流机制主要为蓄满产流和部分超渗产流，志丹流域产流机制主要为超渗产流。志丹流域的降雨通常都是短历时大强度暴雨，出流量多为快速流。因此，在志丹流域，与出流量关联性较大的滑窗累积雨量均为宽度较小的累积雨量。如表 5.3 所示，具有最大偏互信息值的最优滑窗累积雨量已被加粗，分别为：呈村 $\sum\limits_{i=12}^{24} P_{t-i}$、东湾 $\sum\limits_{i=12}^{23} P_{t-i}$、志丹 P_{t-2}，呈村和东湾流域具有最大偏互信息值的滑窗累积雨量的窗口宽度均比志丹的大。这一事实再次证实呈村和东湾的出流量与宽度较大的滑窗累积雨量关联性更大，志丹的出流量与宽度较小的滑窗累积雨量关联性更大。

5.3.2　EBPNN 模型率定

为了提高优化效果和效率，NSGA-Ⅱ 算法参数设置如下：种群数 $pop=100$，总进化代数 $gen=1000$，交叉概率 $p_c=0.9$，变异概率 $p_m=0.1$。LM 算法参数设置如下：最小梯度 $min\_grad=1E-10$，初始 mu 值 $mu=0.001$，mu 减少因子 $mu\_dec=0.1$，mu 增加因子 $mu\_inc=10$，mu 最大值 $mu\_max=1E10$。对于早停止策略，均匀选取大约 3/4 的率定样本作为训练集，其余率定样本作为测试集，测试失败次数为 5。PB_R、PB_DR 和 PBK 模型在三个流域的个体网络最优拓扑结构和权重见表 5.4。

过多的隐含层神经元会导致过拟合，降低个体网络的泛化能力。如表 5.4 所示，最优隐含层神经元个数大部分都没有超过输入层神经元个数。仅有四个个体网络的隐含层神经元个数稍大于输入层神经元个数，它们是：呈村流域 PBK 模型 (8-9-1)、东湾流域 PB_DR 模型 (8-9-1 和 8-10-1) 和志丹流域 PBK 模型 (11-12-1)。表 5.4 中加粗的拓扑结构具有最大权重，在某种程度上可认为是帕累托最优集中最优的拓扑结构。这些最优拓扑结构的隐含层神经元个数大部分很小且均未超过输入层神经元个数。以上这些结果表明，优化出的个体网络在满足模拟精度的前提下，其网络规模均较小，具有更好的泛化能力。

5.3.3　PBK 模型中 KNN 算法的率定

KNN 算法的 K 值范围设置为 [1, 300]。K 值由留一交叉验证法确定。三个研究流域的最优 K 值见表 5.5。

表 5.4   **PB＿R、PB＿DR 和 PBK 模型在三个流域的个体网络最优拓扑结构和权重**

流域	模型	隐含层神经元最大个数	拓扑结构	权重	流域	模型	隐含层神经元最大个数	拓扑结构	权重
呈村	PB＿R	13	6－1－1	0.1110	东湾	PB＿DR	17	8－9－1	0.1225
			6－2－1	0.2406				8－10－1	0.1043
			6－3－1	0.2820		PBK	17	8－1－1	0.0983
			6－4－1	**0.3663**				8－2－1	0.2764
	PB＿DR	17	8－1－1	0.0596				8－3－1	0.2270
			8－2－1	**0.2463**				**8－4－1**	**0.3983**
			8－3－1	0.2436	志丹	PB＿R	17	**8－4－1**	**0.4250**
			8－4－1	0.2073				8－5－1	0.2884
			8－5－1	0.2432				8－6－1	0.1510
	PBK	17	8－2－1	0.1439				8－7－1	0.1356
			8－3－1	**0.2156**		PB＿DR	23	11－1－1	0.1126
			8－4－1	0.2147				**11－2－1**	**0.2249**
			8－6－1	0.1405				11－3－1	0.1273
			8－7－1	0.0957				11－4－1	0.1616
			8－8－1	0.0804				11－5－1	0.1422
			8－9－1	0.1093				11－6－1	0.1543
东湾	PB＿R	13	**6－1－1**	**0.6014**				11－7－1	0.0771
			6－2－1	0.0056		PBK	23	11－2－1	0.2105
			6－3－1	0.2849				**11－3－1**	**0.2397**
			6－4－1	0.1111				11－4－1	0.1028
	PB＿DR	17	8－1－1	0.0368				11－7－1	0.0876
			8－2－1	0.0610				11－8－1	0.0766
			8－3－1	0.1772				11－9－1	0.1138
			8－4－1	0.1136				11－10－1	0.0560
			8－5－1	0.1633				11－11－1	0.0571
			8－8－1	**0.2214**				11－12－1	0.0557

87

表 5.5　　　　　　　　　　　　三个研究流域的最优 *K* 值

流　　域	最优 *K* 值	流　　域	最优 *K* 值
呈村	189	志丹	134
东湾	8		

5.4　CLS、IHACRES 和 XPBK 模型率定

5.4.1　CLS 模型率定

本节的 CLS 模型采用两个雨量阈值,即模型有三个子响应函数。每个子响应函数的宽度(即 k_1、k_2 和 k_3)通过试算法优化。根据每个流域洪水历时的最小值,子响应函数宽度的范围预先设置如下:呈村和东湾流域 [1,24],志丹流域 [1,12]。下文将通过对优化结果的分析来说明这些设置的合理性。对于每组候选的 k_1、k_2 和 k_3 值,由二次规划算法率定 CLS 模型,同时记录模拟误差。当所有候选的 k_1、k_2 和 k_3 值均试算完毕,选择具有最小预测误差的宽度值作为最优解。

CLS 模型率定结果(即响应函数)见图 5.2。由图 5.2 可知,呈村和东湾流域响应函数的宽度大部分都小于上限 24,这说明这两个流域的响应函数宽度上限设置为 24 是合理的。志丹流域响应函数的宽度大部分都小于上限 12,这说明志丹流域的响应函数宽度上限设置为 12 是合理的。

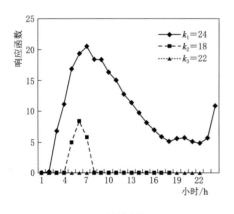

（a）呈村流域

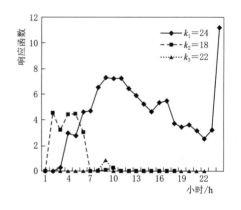

（b）东湾流域

图 5.2（一）　CLS 模型响应函数率定结果

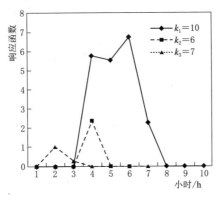

（c）志丹流域

图 5.2（二）　CLS 模型响应函数率定结果

5.4.2　IHACRES 模型率定

IHACRES 模型由 SCE-UA 算法自动优化。SCE-UA 算法参数设置如下：复合形个数 $p=15$，目标函数最大评价次数 $maxn=1E5$，目标函数改进失败次数 $kstop=10$，目标函数改进量最小容许百分比 $pcento=0.1$，参数收敛最小区间 $peps=0.001$，算法其他参数的设置参见第 4 章 SCE-UA 算法介绍。IHACRES 模型参数范围见表 3.2。首先率定日模型，日模型率定完成后，计算日状态变量。率定次洪模型时，使用对应的日模型状态变量作为次洪模型的初始状态变量进行次洪模型的率定。IHACRES 模型次洪模型参数优化结果见表 5.6。

表 5.6　　　　　　　　　IHACRES 模型次洪参数优化结果

参　数	率　定　结　果			参　数	率　定　结　果		
	呈村	东湾	志丹		呈村	东湾	志丹
L	1.64	12.40	4.72	$\tau^{(q)}$	0.34	0.29	0.10
p	0.20	1.67	0.33	$v_0^{(s)}$	0.9998	0.9994	0.5751
τ_ω	95.57	99.96	99.64	λ	−0.21	−0.16	−0.08
f	7.66	8.00	6.59	L	3	2	3
$\tau^{(s)}$	2.00	6.96	69.12				

5.4.3　XPBK 模型率定

XPBK 模型的率定需要首先进行新安江产流计算模块日模型的率定，这一过程通过人工客观优选法完成。率定完成后，运行新安江产流计算模块日模型进行连续模拟，获取土壤含水量的日状态值，作为次洪模型的初始土壤含水量。由于新安江产流计算模块中的参数与计算时段长无关，故次洪模型产流模块的参数可与日模型参数取相同的值。XPBK 模型次洪参数优化结果见表 5.7。

表 5.7　　　　　　　　　　　XPBK 模型次洪参数优化结果

参　数	率 定 结 果			参　数	率 定 结 果		
	呈村	东湾	志丹		呈村	东湾	志丹
K	1.11	0.10	1.50	WLM	69.6	76.7	60.6
B	0.63	0.38	0.10	IM	0.03	0.01	0.03
C	0.13	0.19	0.35	n_Q	24	24	24
WM	107.1	196.8	300.0	n_A	24	24	24
WUM	15.1	15.9	19.9	n_B	24	24	24

5.5　新安江模型率定

新安江模型由 SCE-UA 算法自动优化。SCE-UA 算法参数设置如下：复合形个数 $p=15$，目标函数最大评价次数 $maxn=1E5$，目标函数改进失败次数 $kstop=10$，目标函数改进量最小容许百分比 $pcento=0.1$，参数收敛最小区间 $peps=0.001$，算法其他参数的设置参见第 4 章。新安江模型参数范围见表 4.2。首先率定日模型，日模型率定完成后，计算日状态变量。率定次洪模型时，使用对应的日模型状态变量作为次洪模型的初始状态变量进行次洪模型的率定。新安江模型次洪模型参数优化结果见表 5.8。

表 5.8　　　　　　　　　　　新安江模型次洪参数优化结果

参　数	率 定 结 果			参　数	率 定 结 果		
	呈村	东湾	志丹		呈村	东湾	志丹
K	1.11	0.10	1.50	EX	2.0	1.0	1.0
B	0.63	0.38	0.10	KG	0.01	0.26	0.49
C	0.13	0.19	0.35	KI	0.69	0.44	0.21
WM	107.1	196.8	300.0	CG	0.998	0.998	0.990
WUM	15.1	15.9	19.9	CI	0.10	0.10	0.99
WLM	69.6	76.7	60.6	CS	0.50	0.37	0.01
IM	0.03	0.01	0.03	L	1	0	1
SM	58.8	49.3	60.0	XE	0.01	0.01	0.07

5.6　模拟精度比较

5.6.1　误差评定准则

本研究中，次洪模拟结果的评价基于以下三个准则。

（1）纳须效率系数（*CE*）。*CE* 用于描述模型模拟结果与实测资料间偏差的大小，范围是 1（最优拟合）到负无穷。*CE* 为零或负值表示模型模拟结果很差，模拟结果最优性还不如实测值的均值构成的序列[198]。*CE* 的计算方法如下：

$$CE = \frac{1 - \sum_{i=1}^{N} (y_{m,i} - y_{s,i})^2}{\sum_{i=1}^{N} (y_{m,i} - \bar{y}_m)^2} \tag{5.1}$$

（2）均方根误差（*RMSE*）：

$$RMSE = \sqrt{\frac{\sum_{i=1}^{N} (y_{m,i} - y_{s,i})^2}{N}} \tag{5.2}$$

（3）平均绝对值误差（*MAE*）：

$$MAE = \frac{\sum_{i=1}^{N} |y_{m,i} - y_{s,i}|}{N} \tag{5.3}$$

RMSE 和 *MAE* 是模拟序列与实测序列间绝对误差大小的度量。这两种准则更加关注于数据中的离群值，倾向于反映序列中大流量值模拟结果的好坏[199]。公式（5.1）～公式（5.3）中；$y_{s,i}$ 表示模拟流量；$y_{m,i}$ 和 $\bar{y}_m$ 分别表示实测流量和实测流量的均值；N 为数据个数。

5.6.2　PB_R、PB_DR、PBK 与新安江模型模拟精度比较

PB_R、PB_DR、PBK 与新安江模型模拟结果误差统计箱型图见图 5.3，误差统计见表 5.9。对于呈村流域率定期和检验期，PBK 模型取得了最好的结果，PB_DR 模型取得了第二好的结果，新安江模型取得了第三好的结果，PB_R 模型结果最差。PB_R 模型只使用降雨作为模型输入，没有考虑前期流量的影响，因此模拟结果最差。PB_R 模型输入变量中添加预报前期流量后构成了 PB_DR 模型，PB_DR 模型对于出流量改变量的模拟效果比 PB_R 模型更好，取得了更好的模拟效果。PB_R 模型输入变量中添加模拟前期流量，并加入 KNN 出流量误差预测后构成了 PBK 模型。PBK 模型取得了最好的模拟效

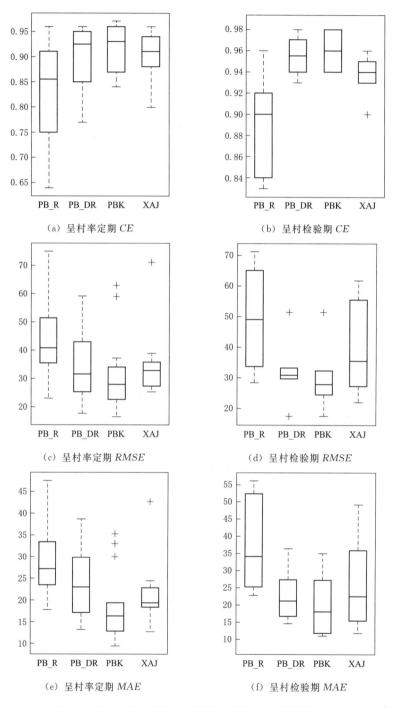

（a）呈村率定期 *CE*　　　　　　　　（b）呈村检验期 *CE*

（c）呈村率定期 *RMSE*　　　　　　（d）呈村检验期 *RMSE*

（e）呈村率定期 *MAE*　　　　　　　（f）呈村检验期 *MAE*

图 5.3（一）　PB＿R、PB＿DR、PBK 和新安江（XAJ）模型模拟结果误差统计箱型图

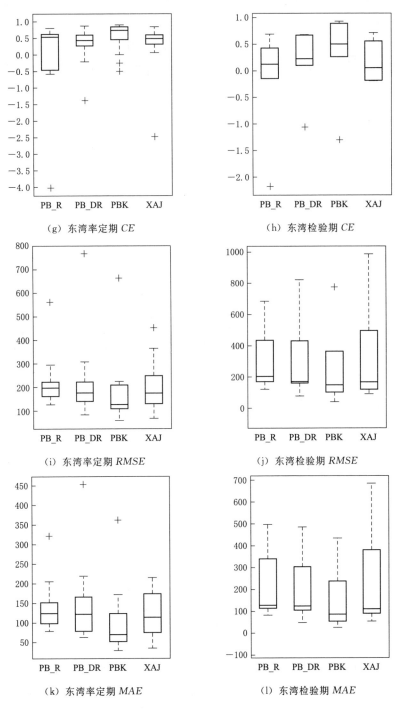

（g）东湾率定期 *CE*　　　　　（h）东湾检验期 *CE*

（i）东湾率定期 *RMSE*　　　　（j）东湾检验期 *RMSE*

（k）东湾率定期 *MAE*　　　　（l）东湾检验期 *MAE*

图 5.3（二）　 PB_R、PB_DR、PBK 和新安江（XAJ）模型模拟结果误差统计箱型图

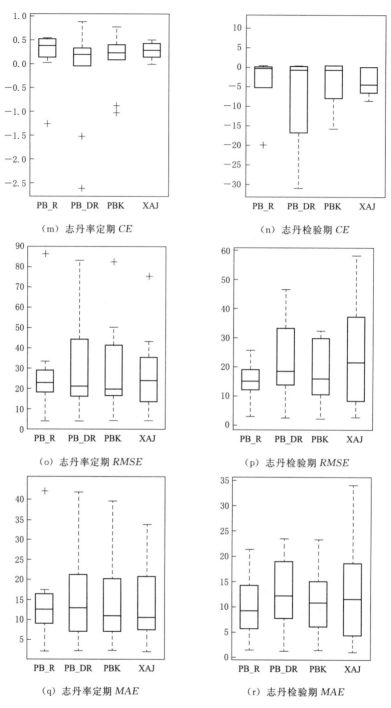

（m）志丹率定期 *CE*　　　　（n）志丹检验期 *CE*

（o）志丹率定期 *RMSE*　　　　（p）志丹检验期 *RMSE*

（q）志丹率定期 *MAE*　　　　（r）志丹检验期 *MAE*

图 5.3（三）　PB＿R、PB＿DR、PBK 和新安江（XAJ）模型模拟结果误差统计箱型图

表 5.9　　**PB_R、PB_DR、PBK 和新安江（XAJ）模型模拟结果误差统计表**

流域	率定/检验	洪水序号	CE				RMSE				MAE			
			PB_R	PB_DR	PBK	XAJ	PB_R	PB_DR	PBK	XAJ	PB_R	PB_DR	PBK	XAJ
呈村	率定期	1	0.91	0.96	0.95	0.94	35.20	24.22	24.73	27.27	25.92	14.95	13.32	18.36
		2	0.79	0.77	0.86	0.93	46.07	47.91	37.11	26.66	34.83	38.76	30.03	18.38
		3	0.64	0.85	0.84	0.81	50.86	32.57	34.01	37.24	27.37	21.91	16.28	19.45
		4	0.71	0.79	0.87	0.88	51.35	43.05	33.62	32.51	30.70	29.90	18.80	23.32
		5	0.93	0.96	0.97	0.94	37.29	26.23	22.40	33.77	24.95	17.36	9.63	18.85
		6	0.75	0.87	0.90	0.88	51.41	36.18	32.60	35.78	33.51	27.23	19.48	19.95
		7	0.95	0.95	0.97	0.96	38.26	39.90	29.90	32.31	27.12	28.54	16.55	21.16
		8	0.84	0.87	0.87	0.94	64.66	58.06	59.00	38.72	38.96	35.22	33.11	24.46
		9	0.88	0.95	0.96	0.94	36.5	22.48	20.17	25.16	23.37	17.17	12.90	15.49
		10	0.69	0.85	0.90	0.80	43.01	30.01	24.00	34.92	28.62	24.11	17.18	22.93
		11	0.87	0.93	0.93	0.91	35.33	26.39	25.61	29.11	23.61	19.02	16.37	19.37
		12	0.90	0.94	0.93	0.91	74.97	58.84	62.99	71.18	47.65	37.15	35.33	42.71
		13	0.80	0.92	0.93	0.82	28.48	17.40	16.44	26.91	22.80	13.22	12.96	12.73
		14	0.96	0.95	0.97	0.91	22.84	25.11	18.53	33.38	17.79	15.98	9.58	16.19
	检验期	1	0.92	0.98	0.98	0.93	65.11	33.21	32.30	61.94	56.03	27.36	27.29	49.13
		2	0.89	0.94	0.94	0.93	71.16	51.45	51.27	55.56	52.24	36.40	35.06	35.88
		3	0.83	0.93	0.94	0.90	28.42	17.55	17.44	22.07	22.75	14.67	11.86	11.93
		4	0.84	0.94	0.95	0.95	47.76	29.60	27.45	27.17	33.02	19.50	16.75	15.57

续表

流域	率定/检验	洪水序号	CE				RMSE				MAE			
			PB_R	PB_DR	PBK	XAJ	PB_R	PB_DR	PBK	XAJ	PB_R	PB_DR	PBK	XAJ
呈村	检验期	5	0.91	0.97	0.97	0.95	50.22	31.63	28.13	37.63	35.00	23.08	19.35	23.69
		6	0.96	0.97	0.98	0.96	33.64	29.90	24.57	33.03	25.15	16.84	10.95	21.24
东湾	率定期	1	−0.53	−0.20	0.91	0.75	207.86	183.52	50.91	83.15	151.64	134.25	43.03	52.58
		2	0.64	0.78	0.58	0.59	126.22	98.57	136.22	134.97	97.72	73.86	87.77	86.96
		3	−0.23	0.53	0.72	0.38	215.27	132.50	101.69	152.16	124.25	108.25	51.49	99.28
		4	0.61	0.48	0.79	0.28	176.02	203.76	130.71	240.90	122.74	163.89	80.01	173.59
		5	0.63	0.38	0.85	0.42	187.63	242.66	117.38	234.30	103.01	178.80	64.09	126.70
		6	−0.10	0.35	−0.24	0.60	198.68	151.86	210.18	118.84	124.91	98.51	162.11	74.29
		7	0.60	0.29	0.89	0.07	153.90	204.83	79.23	234.58	80.72	166.06	46.12	146.40
		8	−0.58	0.05	0.01	0.33	275.25	213.54	217.50	179.83	204.47	155.75	170.66	132.69
		9	0.71	0.88	0.70	0.63	116.19	74.39	117.87	130.08	78.67	62.34	70.35	84.71
		10	0.82	0.54	0.79	0.54	187.86	300.65	201.09	302.21	138.51	217.28	123.83	214.95
		11	−0.46	0.62	0.82	−2.48	289.31	147.73	100.49	447.16	156.21	95.17	61.27	203.36
		12	0.62	0.29	0.47	0.84	559.66	766.76	661.94	358.78	320.72	451.92	360.70	201.09
		13	−4.02	−1.38	−0.46	0.56	192.83	132.77	103.83	57.13	131.19	76.05	70.21	84.23
		14	0.48	0.62	0.91	0.44	117.00	100.08	49.43	121.34	96.02	78.94	28.93	72.24
	检验期	1	0.16	0.67	0.92	0.55	119.38	74.76	37.48	87.63	85.25	48.31	25.53	54.87
		2	0.42	0.17	0.26	−0.20	685.58	821.90	772.50	983.99	499.53	486.57	436.38	682.61

续表

流域	率定/检验	洪水序号	CE PB_R	CE PB_DR	CE PBK	CE XAJ	RMSE PB_R	RMSE PB_DR	RMSE PBK	RMSE XAJ	MAE PB_R	MAE PB_DR	MAE PBK	MAE XAJ
东湾	检验期	3	0.68	0.66	0.88	0.71	168.29	173.61	101.40	159.20	126.28	142.25	67.83	115.75
		4	-2.17	-1.06	-1.30	-0.06	203.87	164.24	173.67	117.71	129.10	106.81	102.53	89.95
		5	-0.15	0.26	0.61	0.17	198.01	158.76	115.32	167.90	114.25	106.74	55.15	106.96
		6	0.08	0.10	0.37	-0.19	435.02	430.26	360.74	493.43	340.66	303.71	237.31	381.35
志丹	率定期	1	0.40	0.33	0.28	-0.01	33.33	35.23	36.46	43.24	17.46	20.84	19.87	20.80
		2	0.02	0.02	0.08	0.22	18.87	18.94	18.30	16.83	11.35	11.66	10.48	7.48
		3	0.53	0.88	0.77	0.22	23.51	11.74	16.45	30.38	9.11	5.31	7.04	12.65
		4	0.55	-0.05	0.09	0.44	28.82	44.09	41.10	32.20	14.49	21.25	20.29	20.11
		5	0.47	-2.61	-0.99	0.02	25.83	67.44	50.07	35.05	16.45	31.11	22.44	21.97
		6	0.14	0.20	0.21	0.35	86.19	83.33	82.63	75.09	42.07	41.88	39.59	33.77
		7	0.36	0.30	0.26	0.43	18.07	18.95	19.42	17.12	6.79	6.96	6.97	6.49
		8	0.55	0.52	0.49	0.43	3.77	3.92	4.05	4.26	2.23	2.24	2.39	2.15
		9	0.35	0.20	0.40	0.50	14.51	16.12	13.98	12.70	10.46	11.14	8.91	8.50
		10	-1.26	-1.52	-0.92	0.15	21.48	22.70	19.79	13.20	13.83	14.30	11.50	7.67
	检验期	1	-0.37	-12.00	-5.32	-4.49	15.17	46.68	32.53	30.32	7.10	17.40	12.30	13.41
		2	-0.35	-0.69	-0.70	-5.87	25.82	28.87	28.96	58.28	21.36	23.46	23.26	34.05
		3	-0.10	0.22	0.36	0.07	2.97	2.49	2.26	2.73	1.45	1.34	1.49	1.18
		4	-20.10	-30.87	-15.85	-8.65	15.05	18.50	13.45	10.18	9.17	9.88	7.58	5.41
		5	0.43	0.36	0.48	0.05	16.78	17.76	16.01	21.64	11.85	12.12	10.80	11.54

果。呈村流域是典型湿润流域，其产流机制主要是蓄满产流。因此，呈村流域的降雨—径流过程相对来说易于模拟，四个模型在呈村流域都取得了较为满意的模拟结果。

对于东湾流域率定期和检验期，PBK 模型取得了最好的结果，PB_DR 模型取得了第二好的结果，新安江模型取得了第三好的结果，PB_R 模型结果最差。然而，四个模型在东湾流域的模拟结果差于呈村流域。四个模型在东湾流域的 CE、$RMSE$ 和 MAE 均差于呈村流域，东湾流域的一些 CE 甚至为负值。东湾流域为半湿润流域，其产流机制为蓄满产流与超渗产流并存。由于超渗产流的精确模拟需要计算时段长较小，这样才能减少时段均化造成的影响，故计算时段长为 1h 的东湾流域次洪模拟效果比呈村差。

在志丹流域，四个模型的模拟效果各有优劣，但总体上差别不大，这一事实证明在半干旱流域，数据驱动模型和概念性模型均不能取得很好的模拟效果。总体上看，四个模型中 PB_DR 模型模拟结果最差，PB_DR 模型模拟结果最差的原因如下：志丹流域为半干旱流域，出流量通常很小，降雨—径流过程受短历时暴雨影响很大。因此，志丹流域出流量与预报前期流量间关联的紧密性不如湿润和半湿润地区，故 PB_DR 模型的模拟精度不高。但 PBK 模型则不存在这些问题，模拟前期流量和 KNN 出流量误差修正的引入消除了这些不确定性，故 PBK 模型取得了最好的模拟效果。四个模型在志丹流域的模拟结果比东湾差很多。检验期 CE 出现了更多负值。志丹流域是半干旱流域，产流机制主要是超渗产流。由于降雨资料计算时段长较长（1h），较难准确反映超渗产流过程，故四个模型的精度均较差。

5.6.3　CLS、IHACRES、XPBK 与新安江模型模拟精度比较

CLS、IHACRES、XPBK 和新安江模型模拟结果误差统计箱型图见图 5.4，误差统计表见表 5.10。对于呈村流域率定期和检验期，PBK 模型取得了最好的模拟结果，新安江模型取得了第二好的模拟结果，IHACRES 模型取得了第三好的模拟结果，CLS 模型的模拟结果最差。CLS 模型是线性模型，非线性模拟能力较差，因此模拟结果最差。IHACRES 模型不适于湿润地区的降雨—径流模拟，因此结果也不是很好。新安江模型是专为湿润地区设计的水文模型，因此比 IAHCRES 模型取得了更好的模拟结果。PBK 模型取得了最好的模拟结果，在呈村流域具有最好的非线性模拟能力。

对于东湾流域，PBK 模型取得了最好的模拟结果，CLS 模型的模拟结果最差。在率定期，新安江模型比 IHACRES 模型精度高；在检验期，新安江模型比 IHACRES 模型取得了更好的 CE，但 IHACRES 模型比新安江模型取得了更

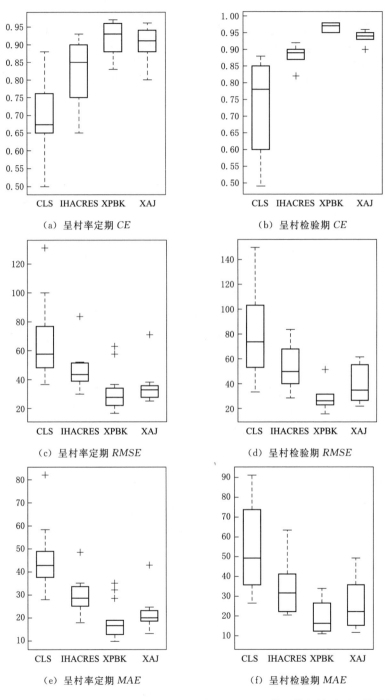

（a）呈村率定期 *CE*　　　　　　　（b）呈村检验期 *CE*

（c）呈村率定期 *RMSE*　　　　　　（d）呈村检验期 *RMSE*

（e）呈村率定期 *MAE*　　　　　　（f）呈村检验期 *MAE*

图 5.4（一）　CLS、IHACRES、XPBK 和新安江（XAJ）模型模拟结果误差统计箱型图

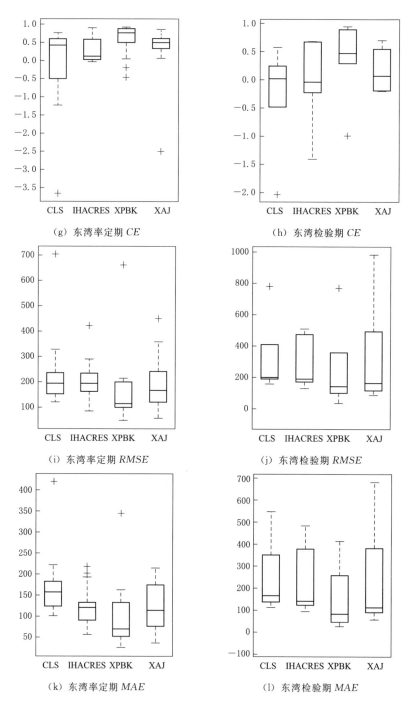

(g) 东湾率定期 *CE*　　　　　　　(h) 东湾检验期 *CE*

(i) 东湾率定期 *RMSE*　　　　　　(j) 东湾检验期 *RMSE*

(k) 东湾率定期 *MAE*　　　　　　(l) 东湾检验期 *MAE*

图 5.4（二）　CLS、IHACRES、XPBK 和新安江（XAJ）模型模拟结果误差统计箱型图

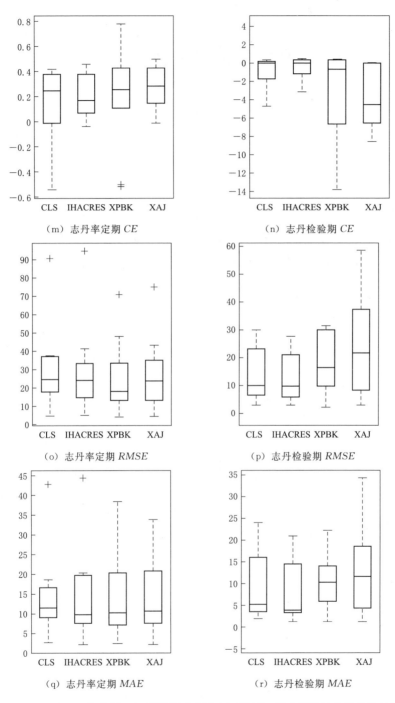

（m）志丹率定期 *CE*　　　　　　　（n）志丹检验期 *CE*

（o）志丹率定期 *RMSE*　　　　　　（p）志丹检验期 *RMSE*

（q）志丹率定期 *MAE*　　　　　　（r）志丹检验期 *MAE*

图 5.4（三）　CLS、IHACRES、XPBK 和新安江（XAJ）模型模拟结果误差统计箱型图

表 5.10　　CLS、IHACRES、XPBK 和新安江（XAJ）模型模拟结果误差统计表

流域	率定/检验	洪水序号	CE				RMSE				MAE			
			PB_R	PB_DR	PBK	XAJ	PB_R	PB_DR	PBK	XAJ	PB_R	PB_DR	PBK	XAJ
呈村	率定期	1	0.76	0.90	0.94	0.94	56.22	36.69	24.71	27.27	45.27	25.47	12.21	18.36
		2	0.65	0.77	0.87	0.93	59.47	47.55	37.00	26.66	44.95	34.87	29.01	18.38
		3	0.67	0.75	0.85	0.81	48.25	42.45	34.00	37.24	37.38	29.39	14.33	19.45
		4	0.74	0.70	0.83	0.88	48.23	52.39	33.51	32.51	39.26	33.43	18.71	23.32
		5	0.68	0.91	0.96	0.94	76.77	40.93	22.33	33.77	41.53	24.70	9.55	18.85
		6	0.66	0.74	0.91	0.88	59.71	51.63	32.60	35.78	43.66	34.43	17.43	19.95
		7	0.67	0.93	0.96	0.96	99.84	44.47	29.92	32.31	48.80	28.56	15.65	21.16
		8	0.77	0.90	0.88	0.94	78.75	51.29	58.00	38.72	58.44	32.26	33.16	24.46
		9	0.81	0.86	0.97	0.94	46.07	38.95	20.11	25.16	37.55	26.99	11.66	15.49
		10	0.55	0.65	0.93	0.80	51.78	45.92	24.01	34.92	33.91	28.35	17.12	22.93
		11	0.64	0.84	0.93	0.91	58.64	39.27	25.40	29.11	48.84	24.78	17.02	19.37
		12	0.68	0.87	0.92	0.91	131.13	83.55	62.70	71.18	82.04	48.34	34.21	42.71
		13	0.50	0.77	0.94	0.82	44.83	30.20	16.43	26.91	28.63	17.35	12.85	12.73
		14	0.88	0.92	0.96	0.91	36.88	31.19	18.44	33.38	27.58	20.51	9.43	16.19
	检验期	1	0.85	0.87	0.98	0.93	89.31	84.10	32.21	61.94	73.86	63.70	26.21	49.13
		2	0.49	0.90	0.95	0.93	149.91	68.20	52.27	55.56	91.29	41.11	34.03	35.88
		3	0.76	0.82	0.95	0.90	33.82	28.79	16.13	22.07	26.56	20.51	12.11	11.93
		4	0.80	0.89	0.96	0.95	53.65	40.04	26.31	27.17	35.71	22.51	14.31	15.57

续表

流域	率定/检验	洪水序号	CE PB_R	CE PB_DR	CE PBK	CE XAJ	RMSE PB_R	RMSE PB_DR	RMSE PBK	RMSE XAJ	MAE PB_R	MAE PB_DR	MAE PBK	MAE XAJ
呈村	检验期	5	0.88	0.92	0.98	0.95	58.30	46.73	27.13	37.63	40.54	28.65	18.41	23.69
		6	0.60	0.89	0.98	0.96	103.51	53.61	23.61	33.03	57.52	34.25	11.03	21.24
东湾	率定期	1	-0.51	0.05	0.92	0.75	205.98	163.52	50.90	83.15	151.66	119.80	42.01	52.58
		2	0.47	0.57	0.57	0.59	153.37	137.39	136.00	134.97	134.50	88.94	86.23	86.96
		3	0.17	-0.03	0.74	0.38	176.78	196.20	102.11	152.16	131.16	111.10	50.46	99.28
		4	0.55	0.04	0.79	0.28	189.90	277.15	127.51	240.90	162.76	197.01	80.03	173.59
		5	0.59	0.61	0.87	0.42	196.24	191.27	113.33	234.30	161.77	80.25	68.45	126.70
		6	-0.57	0.26	-0.20	0.60	236.58	162.91	200.15	118.84	159.70	131.64	133.12	74.29
		7	0.63	0.33	0.89	0.07	148.78	198.89	76.35	234.58	123.19	123.01	43.01	146.40
		8	-1.24	0.66	0.03	0.33	327.68	128.01	216.10	179.83	222.53	80.35	161.36	132.69
		9	0.66	0.13	0.71	0.63	124.97	199.18	116.96	130.08	99.63	131.98	65.21	84.71
		10	0.77	0.10	0.78	0.54	212.00	421.80	201.01	302.21	182.21	205.92	131.13	214.95
		11	-0.31	0.04	0.84	-2.48	274.68	234.52	100.44	447.16	182.77	119.14	56.15	203.36
		12	0.40	0.90	0.49	0.84	701.49	290.27	663.37	358.78	420.95	191.92	346.30	201.09
		13	-3.65	0.00	-0.47	0.56	185.47	85.85	101.12	57.13	113.23	55.35	67.31	34.23
		14	0.46	0.00	0.92	0.44	120.14	162.43	49.23	121.34	101.05	103.23	24.33	72.24
	检验期	1	-0.48	0.01	0.93	0.55	158.35	129.58	33.00	87.63	108.51	91.01	23.23	54.87
		2	0.24	0.68	0.28	-0.20	782.33	511.04	771.20	983.99	546.76	482.31	415.22	682.61

续表

流域	率定/检验	洪水序号	CE				RMSE				MAE			
			PB_R	PB_DR	PBK	XAJ	PB_R	PB_DR	PBK	XAJ	PB_R	PB_DR	PBK	XAJ
东湾	检验期	3	0.58	0.67	0.89	0.71	192.55	170.60	100.20	159.20	166.65	120.94	63.53	115.75
		4	-2.02	-1.41	-1.00	-0.06	198.96	177.86	176.51	117.71	161.10	142.66	101.13	89.95
		5	-0.15	-0.23	0.62	0.17	198.31	204.56	111.22	167.90	136.22	136.55	43.21	106.96
		6	0.18	-0.10	0.33	-0.19	410.45	475.91	358.87	493.43	350.27	377.61	256.21	381.35
志丹	率定期	1	0.42	0.07	0.29	-0.01	32.79	41.38	33.46	43.24	15.23	20.21	19.82	20.80
		2	-0.01	0.15	0.11	0.22	19.15	17.64	13.30	16.83	10.38	8.20	10.21	7.48
		3	0.25	0.12	0.78	0.22	29.71	32.19	17.33	30.38	11.77	11.64	7.01	12.65
		4	0.24	0.41	0.12	0.44	37.48	33.11	30.20	32.20	18.70	19.68	20.31	20.11
		5	-0.09	0.38	-0.51	0.02	36.99	27.86	48.01	35.05	16.58	11.11	21.43	21.97
		6	0.05	-0.04	0.22	0.35	90.70	94.66	71.11	75.09	42.69	44.33	38.52	33.77
		7	0.38	0.19	0.36	0.43	17.77	20.32	18.43	17.12	6.64	7.67	6.27	6.49
		8	0.38	0.32	0.49	0.43	4.45	4.65	4.01	4.26	2.42	2.07	2.32	2.15
		9	0.41	0.46	0.43	0.50	13.89	13.27	12.91	12.70	8.95	6.40	8.41	8.50
		10	-0.54	-0.04	-0.50	0.15	17.74	14.59	13.39	13.20	11.01	7.50	10.12	7.67
	检验期	1	0.40	0.44	-4.32	-4.49	10.01	9.66	31.33	30.32	3.99	3.87	11.20	13.41
		2	-0.80	-0.55	-0.71	-5.87	29.85	27.69	29.26	58.28	23.95	21.18	22.21	34.05
		3	0.00	-0.05	0.36	0.07	2.83	2.91	2.21	2.73	1.92	1.37	1.42	1.18
		4	-4.77	-3.20	-13.85	-8.65	7.87	6.71	12.41	10.18	5.27	3.91	7.31	5.41
		5	0.13	0.30	0.48	0.05	20.70	18.59	16.21	21.64	13.35	12.18	10.20	11.54

好的 $RMSE$ 和 MAE。这些结果表明，在半湿润流域（如东湾），IHACRES 模型的模拟结果与在湿润流域（如呈村）的结果相比得到改善。与湿润流域（如呈村）相比，在半干旱流域，新安江模型的模拟结果变差。IHACRES 模型是专门为干旱半干旱流域设计的水文模型，在东湾流域取得了更好的模拟结果。

对于志丹流域，四个模型总体上模拟结果相差不大，这一事实证明在半干旱流域，半数据驱动模型和概念性模型均不能取得很好的模拟效果。志丹为半干旱流域，植被稀疏且降雨多为短历时暴雨。志丹流域的产流机制主要是超渗产流。新安江模型没有考虑超渗产流，因此模拟精度不高。IHACRES 模型是专为干旱半干旱流域设计的，能够取得比新安江略好的模拟精度。XPBK 模型由于添加了基于 PBK 模型的汇流计算模块，具有更强的非线性模拟能力，因此比新安江模型的模拟结果略好。5.6.2 节和 5.6.3 节的研究结果说明在半干旱流域，降雨—径流模拟仍是一个难题，数据驱动、半数据驱动和概念性模型的模拟效果均不理想，如何提升半干旱地区降雨—径流模拟的精度仍是一个有待研究的难题。

5.7 PBK、IHACRES 和新安江模型初始出流量和状态变量敏感性分析

次洪降雨—径流模拟中，初始流量和状态变量对于产流过程起着至关重要的作用。因此，本节对各场洪水初始流量和状态变量进行了敏感性分析。对于 PBK 模型，对初始流量（初始总径流流量 Q_0）进行敏感性分析。对于新安江模型，对各子流域初始流量（各子流域的初始壤中流流量，QI_0；初始地下径流流量，QG_0；初始总径流流量，Q_0）和初始状态变量（各子流域的初始面平均上层张力水蓄量，WU_0；初始面平均下层张力水蓄量，WL_0；初始面平均深层张力水蓄量，WD_0；初始产流面积，FR_0；初始面平均自由水蓄量，S_0）进行敏感性分析。对于 IHACRES 模型，对初始流量（初始慢速流流量，XS_0；初始快速流流量，XQ_0）和初始状态变量（初始土壤湿度指数，s_0）进行敏感性分析。

对于每场洪水的初始流量和状态变量，添加由蒙特卡洛采样生成的均匀分布随机扰动进行敏感性分析。这些随机扰动是一个百分比量，变化范围是 $-20\%\sim20\%$。随机扰动的添加方式如下：

$$IDS' = (1+d) \cdot IDS \qquad (5.4)$$

式中：IDS 代表初始流量和状态变量；IDS' 代表添加扰动后的初始流量和状态变量；d 代表随机扰动。在每个研究流域，对于每个模型，生成 10000 组随机值，每组随机值作为各场洪水的初始流量和状态变量的随机扰动，依此进行敏感性分析。对于每组随机扰动，对各场洪水进行出流过程模拟，将模拟所得的各场

洪水出流量过程线连接起来组成一个出流量序列。10000 组随机扰动可以得到
10000 条出流量序列，这些出流量序列组成了一个不确定性区间，该区间可以用来
反映模型的敏感性。本节提出了敏感度（Sensitivity Degree，SD）的概念并用它来
衡量模型的敏感程度。在每个研究流域，对于每个模型，敏感度定义如下：

$$SD = \frac{1}{n} \sum_{i=1}^{n} |Q_i^{(\text{sim\_max})} - Q_i^{(\text{sim\_min})}| \tag{5.5}$$

式中：$Q_i^{(\text{sim\_max})}$ 和 $Q_i^{(\text{sim\_min})}$ 分别表示不确定性区间的上限和下限，即第 i 个模拟
出流量的最大值和最小值；n 表示所有洪水样本点的总数。

　　PBK 和 IHACRES 模型是集总式模型。PBK 和 IHACRES 模型的随机扰动
为均匀分布的随机变量，其分布见图 5.5。但新安江模型是分单元式模型，其敏
感性分析结果不能直接与 PBK 和 IHACRES 模型进行比较。原因如下：各子流
域初始流量和状态变量的随机扰动均为均匀分布的随机数，但对于整个流域而
言，整个流域的面平均初始流量和状态变量的扰动值不服从均匀分布。数值试
验表明面平均初始流量和状态变量的扰动值的分布变得"窄小"和被"压缩"
了，并且不再是均匀分布（见图 5.6）。因此，由图 5.6 分析得出的新安江模型
的初始流量和状态变量的敏感性会被低估。

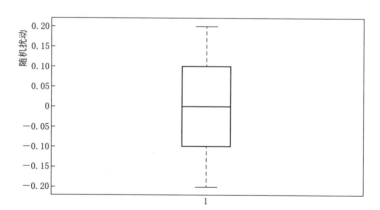

图 5.5　PBK 和 IHACRES 模型随机扰动的分布箱型图

　　这一现象可以用式（5.6）进行解释：

$$\bar{d}^{(k,j)} = \frac{\sum_{i=1}^{ns} IDS_i^{(k,j)} \cdot S_i \cdot d_i^{(k,j)}}{\sum_{i=1}^{ns} IDS_i^{(k,j)} \cdot S_i} \tag{5.6}$$

式中：$\bar{d}^{(k,j)}$ 表示第 j 场洪水第 k 个初始流量或状态变量的面平均随机扰动；

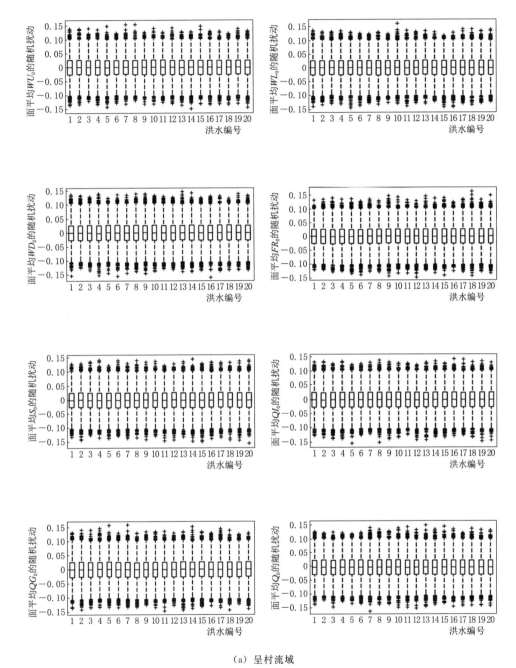

（a）呈村流域

图 5.6（一）　新安江模型面平均初始流量和状态变量随机扰动分布的箱型图
（不同子流域采用不同的随机扰动）

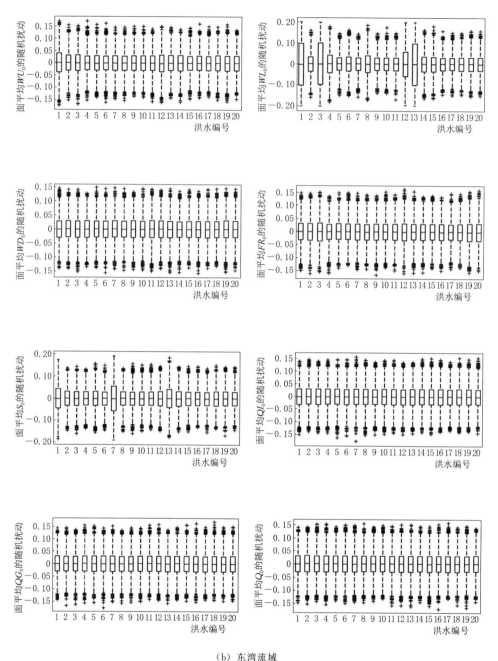

（b）东湾流域

图 5.6（二）　新安江模型面平均初始流量和状态变量随机扰动分布的箱型图
（不同子流域采用不同的随机扰动）

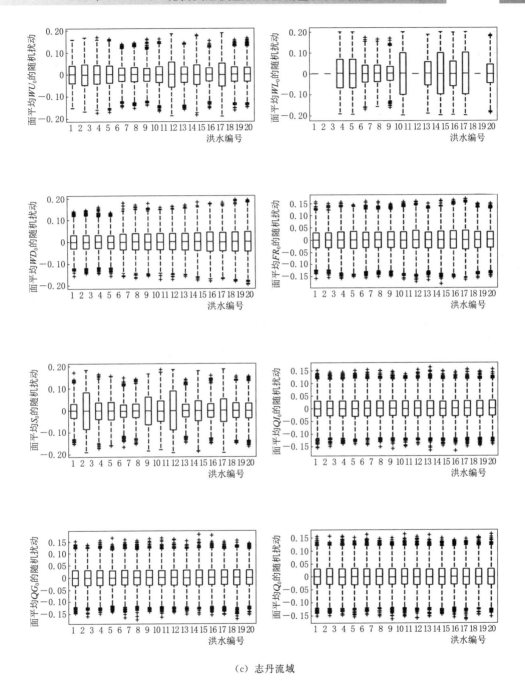

（c）志丹流域

图 5.6（三）　新安江模型面平均初始流量和状态变量随机扰动分布的箱型图

（不同子流域采用不同的随机扰动）

$IDS_i^{(k,j)}$ 表示第 j 场洪水第 i 个子流域的第 k 个初始流量或状态变量；S_i 表示第 i 个子流域的面积；$d_i^{(k,j)}$ 表示第 j 场洪水第 i 个子流域的第 k 个初始流量或状态变量的随机扰动；ns 表示子流域个数。如果 $d_i^{(k,j)}$ 是独立均匀分布的随机变量，则 $\bar{d}^{(k,j)}$ 不是均匀分布随机变量，因为 $\bar{d}^{(k,j)}$ 是 $d_i^{(k,j)}$ 的线性组合。解决这一问题的方法是各子流域采用相同的随机扰动：

$$\bar{d}^{(k,j)} = \frac{\sum_{i=1}^{ns} IDS_i^{(k,j)} \cdot S_i \cdot d^{(k,j)}}{\sum_{i=1}^{ns} IDS_i^{(k,j)} \cdot S_i} = \frac{d^{(k,j)} \sum_{i=1}^{ns} IDS_i^{(k,j)} \cdot S_i}{\sum_{i=1}^{ns} IDS_i^{(k,j)} \cdot S_i} = d^{(k,j)} \quad (5.7)$$

式中：$d^{(k,j)}$ 表示第 j 场洪水第 k 个初始流量或状态变量的随机扰动。由公式（5.7）计算出的 $\bar{d}^{(k,j)}$ 与 $d^{(k,j)}$ 服从相同的均匀分布。因此本研究采用这种方式为新安江模型生成随机扰动，基于这种随机扰动对新安江、PBK 和 IHA-CRES 模型进行敏感性分析。计算得出的不确定性区间见图 5.7。PBK、新安江和 IHACRES 模型的敏感度见表 5.11。如表 5.11 所示，PBK 模型的敏感性最低，这意味着当初始流量和状态变量具有相同的不确定性时，PBK 模型最稳定，即 PBK 模型的不确定性区间最小。

表 5.11　　　　　　　PBK、新安江和 IAHCRES 模型敏感度

模　　型	呈　　村	东　　湾	志　　丹
PBK	0.71	16.4	0.03
新安江	11.63	109.71	0.96
IHACRES	6.14	149.85	1.4

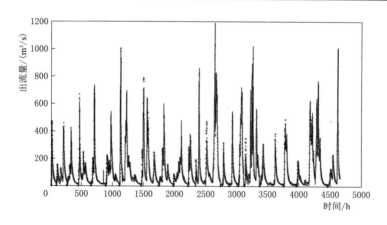

（a）呈村流域 PBK 模型

图 5.7（一）　不确定性区间

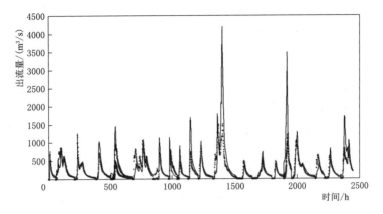

（b）东湾流域 PBK 模型

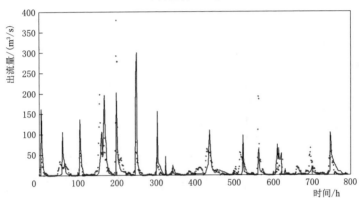

（c）志丹流域 PBK 模型

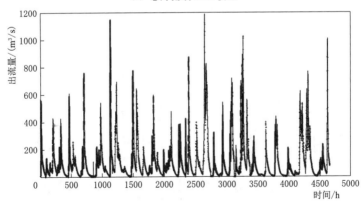

（d）呈村流域新安江模型

图 5.7（二）　不确定性区间

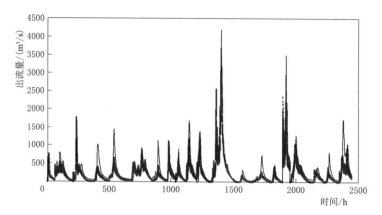

（e）东湾流域新安江模型

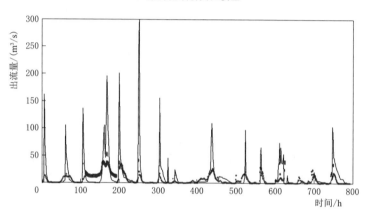

（f）志丹流域新安江模型

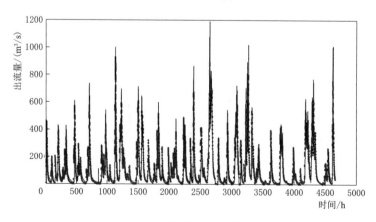

（g）呈村流域 IHACRES 模型

图 5.7（三）　不确定性区间

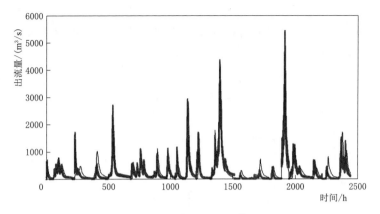

（h）东湾流域 IHACRES 模型

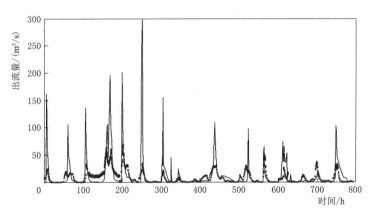

（i）志丹流域 IHACRES 模型

图 5.7（四）　不确定性区间

5.8　小结

本章将三个数据驱动模型（PB_R、PB_DR 和 PBK 模型）、三个半数据驱动模型（CLS、IHACRES 和 XPBK 模型）及一个概念性模型（新安江模型）在三个典型研究流域（包括了湿润流域、半湿润流域和半干旱流域）进行了次洪降雨—径流模拟应用、比较和敏感性分析。得出以下结论：

（1）PBK 模型实现了高精度非实时校正建模方式，其模拟精度高于传统非实时校正数据驱动模型（PB_R 和 PB_DR 模型），在湿润和半干旱地区，模拟结果比半数据驱动模型（除了 XPBK 模型）和概念性模型略好，在三个选自不同地理位置的研究流域均取得了较好的模拟效果。

（2）PBK 模型不需要计算流域状态变量，对于每场次洪，PBK 模型不需要初始状态，而是使用初始流量作为初始状态的衡量标准。敏感性分析结果表明 PBK 模型模拟结果稳定，对初始流量不敏感。

（3）XPBK 模型取得了良好的应用效果，继承了概念性模型物理概念清晰和数据驱动模型精度高易于率定的优势，达到了取长补短的目的，XBPK 模型精度略好于 PBK 模型。

（4）将 IHACRES 模型成功应用于次洪降雨—径流模拟，汇流计算模块的改进取得了成功，模型汇流模块物理意义明确，处理汇流非线性的能力和模拟精度得到提高。

（5）在半干旱地区，各类水文模型模拟效果差别不大，说明半干旱流域的降雨—径流过程识别和模拟仍然是一个难题，需要在提高资料质量、分析产汇流机制和开发新型模型等多方面加强研究。

第 6 章 结 论 与 展 望

6.1 主要结论

本研究建立了新型数据驱动模型——PBK 模型和新型半数据驱动模型——XPBK 模型，提出了模型率定方法。在三个典型研究流域将三个数据驱动模型（PB_R、PB_DR 和 PBK 模型）、三个半数据驱动模型（CLS、IHACRES 和 XPBK 模型）及一个概念性模型（新安江模型）进行了应用比较和敏感性分析。PBK 模型使用基于偏互信息的输入变量选择方法从滑窗累积雨量候选输入向量和模拟前期流量候选输入向量中提取充足且无冗余的输入信息，通过基于新型集成神经网络模型的出流量预测和基于 K 最近邻算法的出流量误差预测进行出流量的高精度连续模拟。PBK 模型采用了全新的非实时校正建模方式，不需要实时信息，实现了数据驱动模型的高精度多步外推预报。PBK 模型不需要进行流域状态变量的计算，仅需初始出流量就可进行出流量的连续模拟，敏感性分析结果表明，PBK 模型对初始出流量不敏感，减小了初始出流量估计不当造成的不确定性。PBK 模型显著提高了非实时校正数据驱动模型的模拟精度，增长了预见期，使数据驱动模型与概念性模型的耦合成为了可能。XPBK 模型由新安江产流计算模块与 PBK 汇流计算模块耦合而成，继承了概念性模型和数据驱动模型的优势，达到了取长补短的应用效果。本研究提出的模型率定方法较为客观，易于使用，受人为因素影响小，率定出的模型具有良好的模拟精度和预报能力。本文主要的研究内容及结论如下：

（1）提出了基于滑窗累积雨量的降雨量候选输入向量及输入变量的分离式选择策略，并与基于偏互信息的输入变量选择方法联合使用，确保了输入信息的充足性和无冗余性，为建立精度高、泛化能力强的高质量数据驱动模型奠定了基础。

（2）提出了新型集成神经网络模型——EBPNN 模型及其率定方法。通过 NSGA-Ⅱ多目标优化算法和早停止 Levenberg-Marquardt 算法确定全局最优个体网络个数、各个体网络拓扑结构和网络参数。个体网络权重由基于 AIC 信息准则的权重确定方法确定。EBPNN 模型在模拟精度和网络复杂度间取得了良好折衷，精度高、泛化能力强、率定结果客观、受人为因素影响小。

（3）基于新型输入变量选择方法、EBPNN 模型和 K 最近邻算法，构建了新型非实时校正降雨—径流模拟模型——PBK 模型，提出了 PBK 模型的率定方法。PBK 模型与概念性模型类似，不需要实时信息（如：预报时刻之前的实测出流量），能够进行多步外推预报，实现了非实时校正模式下的高精度连续模拟，增长了数据驱动模型的预见期。此外，PBK 模型不需要进行流域状态变量（如：土壤湿度等）的计算，仅需初始出流量就可进行出流量的连续模拟。敏感性分析结果表明，PBK 模型对初始出流量不敏感，减小了初始出流量估计不当造成的不确定性。

（4）将新安江产流计算模块与 PBK 汇流计算模块耦合起来，构建了新型非实时校正半数据驱动模型——XPBK 模型，提出了模型率定方法。XPBK 模型具有概念性模型和数据驱动模型的优势，达到了优势互补的目的。

（5）在分析总结以往文献的基础上，归纳出两个传统非实时校正数据驱动模型（PB_R 和 PB_DR 模型），在国内将 IHACRES 模型应用于计算时段长为一小时的次洪降雨—径流模拟中，并对模型汇流计算模块进行了改进，提出了 λ 单位线法划分快速流和慢速流比例系数的方法，提高了汇流模拟精度。

（6）在三个典型研究流域将三个数据驱动模型（PB_R、PB_DR 和 PBK 模型）、三个半数据驱动模型（CLS、IHACRES 和 XPBK 模型）及一个概念性模型（新安江模型）进行了应用比较和敏感性分析。结果表明在湿润和半湿润流域，PBK、XPBK 和新安江模型都能取得良好的模拟结果，但在半干旱流域各模型的模拟结果相差不大，均不能令人满意。同时，研究发现虽然 PBK 模型实现了高精度连续模拟，能够取得和其他非实时校正模型类似的模拟效果，但 PBK 模型结构过于复杂，计算开销较大。XPBK 模型取得了良好的应用效果，说明研发的新型半数据驱动模型达到了优势互补的目的。

本研究在以下方面取得了创新性成果：

（1）构建了新型集成神经网络模型——EBPNN 模型。将基于偏互信息的输入变量选择方法、EBPNN 模型和 K 最近邻算法相耦合，构建了新型非实时校正数据驱动模型——PBK 模型。PBK 模型与概念性模型类似，能够进行多步外推预报，实现了高精度连续模拟。

（2）对于基于 EBPNN 模型的数据驱动模型，提出了基于 NSGA-Ⅱ多目标优化算法和早停止 LM 算法的个体网络生成方法及基于 AIC 信息准则的个体网络权重生成方法。

（3）将新安江产流计算模块与 PBK 汇流计算模块耦合起来，构建了新型非实时校正半数据驱动模型——XPBK 模型。XPBK 模型具有概念性模型和数据驱动模型的优势，达到了取长补短的目的。

6.2　有待进一步研究的问题

（1）进一步完善基于偏互信息的输入变量选择方法。对于海量候选输入变量，基于偏互信息的输入变量选择方法往往较为耗时，可以从三个方面进行改进：其一是硬件方面的加速，可以采用并行计算来提高计算效率；其二是软件方面的加速，可以采用C++语言开发密集计算动态链接库，提高计算效率；其三是算法原理上的改进，在保证互信息估计精度的前提下，寻找一种效率更高的概率密度函数估计方法对互信息进行估计。

（2）进一步完善EBPNN模型率定方法。基于NSGA-Ⅱ多目标优化算法的EBPNN模型率定方法存在一个问题，当个体网络规模较大时，NSGA-Ⅱ算法的决策变量的个数将非常大，即优化问题的维数很大，这增大了寻找全局最优解的难度并降低了计算效率，需要寻找一种适用于高维多目标优化的新型优化算法来解决这一问题。

（3）加强XPBK模型的率定方法的研究。XPBK模型由概念性模型和数据驱动模型耦合而成，由于PBK汇流计算模块结构复杂，需要单独进行率定，这就造成新安江产流模块只能进行单独率定。由于只有降雨、蒸散发和出流量资料，并无实测产流量资料，这给产流模块的精确率定造成了困难，需要提出一种更好的方法实现产流模块的率定。

（4）加强多模型集合预报的研究。如何将概念性、半数据驱动和数据驱动模型的模拟结果通过集合预报的形式集成起来，充分发挥各类模型的优势，提高模拟精度和预报能力，是一个需要进一步研究的问题。

（5）加强PBK模型应用领域的拓展。由于PBK模型是数据驱动模型，可以实现时间序列连续模拟，因此其应用范围较为广泛。可以将PBK模型应用于气候变化未来水资源量的预测评估、电力系统负荷预测等其他领域。

参 考 文 献

［1］ 葛守西. 现代洪水预报技术［M］. 北京：中国水利水电出版社，1999.

［2］ 赵人俊. 流域水文模拟：新安江模型与陕北模型［M］. 北京：水利电力出版社，
1984：126 - 127.

［3］ Zhao R. The Xinanjiang model applied in China［J］. Journal of Hydrology，1992（135）：
371 - 381.

［4］ Lü H，Hou T，Horton R，Zhu Y，Chen X，Jia Y，Wang W，Fu X. The stream-
flow estimation using the Xinanjiang rainfall runoff model and dual state-parameter esti-
mation method［J］. Journal of Hydrology，2013（480）：102 - 114.

［5］ Vrugt JA，Gupta HV，Nualláin B，Bouten W. Real-time data assimilation for opera-
tional ensemble streamflow forecasting［J］. Journal of Hydrometeorology，2006（7）：
548 - 564.

［6］ Serbert J. Multi-criteria calibration of a conceptual runoff model using a genetic algo-
rithm［J］. Hydrological and Earth System Sciences，2000（4）：215 - 224.

［7］ McCabe MF，Franks SW，Kalma JD. Calibration of a land surface model using multi-
ple data sets［J］. Journal of Hydrology，2005（302）：209 - 222.

［8］ Solomatine DP，Dulal KN. Model trees as an alternative to neural networks in rainfall -
runoff modeling［J］. Hydrological Sciences Journal，2003，48（3）：399 - 411.

［9］ Dawson CW，Wilby RL. Hydrological modelling using artificial neural networks［J］.
Progress in Physical Geography，2001，25（1）：80 - 108.

［10］ Han D，Cluckie ID，Karbassioun D，Lawry J，Krauskopf B. River flow modelling u-
sing fuzzy decision trees［J］. Water Resources Management，2002（16）：431 - 445.

［11］ Nayak PC，Sudheer KP，Ramasastri KS. Fuzzy computing based rainfall-runoff model for
real time flood forecasting［J］. Hydrological Processes，2005（19）：955 - 968.

［12］ Marhabir C，Hicks FE，Robinson FA. Application of fuzzy logic to forecast seasonal
runoff［J］. Hydrological Processes，2003（17）：3749 - 3762.

［13］ See L，Abrahart RJ. Multi-model data fusion for hydrological forecasting［J］. Com-
puters & Geosciences，2001（27）：987 - 994.

［14］ Bordignon S，Lisi F. Nonlinear analysis and prediction of river flow time series［J］.
Environmetrics，2000（11）：463 - 477.

［15］ 芮孝芳. 水文学原理［M］. 北京：中国水利水电出版社，2004.

［16］ 芮孝芳，刘方贵，邢贞相. 水文学的发展及其所面临的若干前言科学问题［J］. 水利
水电科技进展，2007，27（1）：75 - 79.

［17］ Beven KJ. Rainfall-runoff Modeling：the Primer［M］. Chichester：John Wiley and

Sons, Ltd, 2000.

[18] Hughes DA. Incorporating groundwater recharge and discharge functions into an existing monthly rainfall-runoff model [J]. Hydrological Sciences-Journal des Sciences Hydrologiques, 2004, 49 (2): 297 - 311.

[19] Druce DJ. Insights from a history of seasonal inflow forecasting with a conceptual hydrologic model [J]. Journal of Hydrology, 2001 (249): 102 - 112.

[20] De Roo APJ, Bartholmes J, Bates PD, Beven K. Development of a European flood forecasting system [J]. Journal of River Basin Management, 2003, 1 (1): 49 - 59.

[21] Tucci CEM, Clarke RT, Collischonn W, da Silva Dias PL, de Oliveira GS. Long-term flow forecasts based on climate and hydrologic modeling: Uruguay River basin [J]. Water Resources Research, 2003, 39 (7): SWC 3 - 1 - 11.

[22] 刘光文，姜弘道，王厥谋，等. 赵人俊水文预报文集，北京：水利电力出版社，1994.

[23] Solomatine DP. Data-driven modeling: paradigm, methods, experiences [C]. Proceedings of the 5th International Conference on Hydroinformatics, Cardiff, UK, 2002: 757 - 763.

[24] Fast B. Analysis of seasonal inflow volume forecasts produced using regression equations [M]. Operations Control Department, British Columbia Hydro. Canada, 1990.

[25] Mahabir C, Hicks FE, Robinson FA. Application of fuzzy logic to forecast seasonal runoff [J]. Hydrological Processes, 2003 (17): 3749 - 3762.

[26] Huo SQ, Rao SQ, Xue JG. Inflow forecast for the Sanmen Gorge reservoir of the Yellow River during non-flooding period [J]. People's Yellow River, 2001, 23 (12): 14 - 16 (in Chinese).

[27] Amarasekera KN, Lee RF, Willianms ER, Eltahir EAB. ENSO and the natural variability in the flow of tropical rivers [J]. Journal of Hydrology, 1997 (200): 24 - 39.

[28] Piechota TC, Dracup JA, Chiew FHS, McMahon TA. Seasonal streamflow forecasting in Eastern Australia and the El Nino-Southern Oscillation [J]. Water Resources Research, 1998, 34 (11): 3035 - 3044.

[29] Gutierrez F, Dracup JA. An analysis of the feasibility of long-range streamflow forecasting for Colombia using El Nino-Southern Oscillation indicators [J]. Journal of Hydrology, 2001 (246): 181 - 196.

[30] Shrestha A, Kostaschuk R. El Nino/Southern Oscillaton (ENSO) -related variability in mean-monthly streamflow in Nepal [J]. Journal of Hydrology, 2005 (308): 33 - 49.

[31] Eltahaia EAB. El Nino and the natural variability in the flow of the Nile River [J]. Water Resources Research, 1996, 32 (1): 131 - 137.

[32] Piechota TC, Dracup JA. Long-range streamflow forecasting using El-Nino Southern Oscillation indicators [J]. Journal of Hydrologic Engineering, 1999, 4 (2): 144 - 151.

[33] Hamlet AF, Lettenmaier DP. Columbia River streamflow forecasting based on ENSO and PDO climate signals [J]. Journal of Water Resources Planning and Management, 1999, 125 (6): 33 - 341.

[34] Dettinger MD, Cayan DR, Redmond KT. United States streamflow probabilities based on

forecasted La Nina, winter-spring 2000 [J]. Experimental Long-Lead Forecast Bulletin, 1999, 8 (4).

[35] Dettinger MD, Cayan DR, McCabe GJ, Redmond KT. Winter-spring 2001 United States streamflow probabilities based on anticipated neutral ENSO conditions and recent NPO status [J]. Experimental Long-Lead Forecast Bulletin, 2000, 9 (3).

[36] Dettinger MD, Cayan DR, Redmond KT. United States streamflow probabilities and uncertainties based on anticipated El Nino, water year 2003 [J]. Experimental Long-Lead Forecast Bulletin, 2002, 11 (3).

[37] Eldaw AK, Salas JD, Garcia LA. Long-range forecasting of the Nile River flows using climatic forcing [J]. Journal of Applied Meteorology, 2003, 42 (7): 890 - 904.

[38] Peng MX, Ge ZX, Wang HB. The relationship between the runoff of the upstream Yellow River and the sea surface temperature of the Pacific and its application for prediction [J]. Advance in Water Sciences, 2000, 1 (3): 272 - 276 (in Chinese).

[39] Wang GX, Shen YP, Liu SY. On the characteristics of response of precipitation and runoff to ENSO events in the headwater regions of the Yellow River [J]. Journal off Glaciology and Geocryology, 2001, 23 (1): 16 - 21 (in Chinese).

[40] Cai Y, Wang DM. Correlation analysis between the land surface temperature field and the variation of the runoff within a year [J]. Plateau Meteorology, 1996, 15 (4): 472 - 477 (in Chinese).

[41] Li JQ. Comparison of monthly rainfall-runoff models for catchments in northern China [J]. Advances in Water Sciences, 1998, 9 (3): 282 - 288 (in Chinese).

[42] Tomasino M, Zanchettin D, Traverso P. Long-range forecasts of River Po discharges based on predictable solar activity and a fuzzy neural network model [J]. Hydrological Science Journal, 2004, 49 (4): 673 - 684.

[43] Solomatine D, Dulal KN. Models trees as an alternative to neural networks in rainfall-runoff modeling [J]. Hydrological Science Journal, 2003, 48 (3): 399 - 411.

[44] Solomatine DP, Xue Y. M5 model trees compared to neural networks: application to flood forecasting in the upper reach of the Huai River in China [J]. Journal of Hydrological Engineering, 2004, 9 (6): 491 - 501.

[45] Lu HY, Shao DG, Guo YY. Research n long-term runoff forecasting for the Danjiangkou Reservoir [J]. Journal of Wuhan Hydraulics and Hydropower University, 1996, 29 (6): 6 - 10.

[46] McKerchar AI, Delleur JW. Application of seasonal parametric linear stochastic models to monthly flow data [J]. Water Resources Research, 1974 (10): 246 - 255.

[47] Thompstone RM, Hipel KW, Mcleod AI. Forecasting quarter-monthly riverflow [J]. Water Resources Bulletin, 1985, 21 (5): 731 - 741.

[48] Noakes DJ, McLeod AI, Hipel KW. Forecasting monthly riverflow time series [J]. International Journal of Forecasting, 1985 (1): 179 - 190.

[49] Kang KW, Kim JH, Park CY, Ham KJ. Evaluation of hydrological forecasting system based on neural network model [C]. In: Proceedings of 25th Congress of Interna-

tional Association for Hydrology Researches, IAHR, Delft, The Netherlands, 1993: 257 – 264.

[50] Abrahart RJ, See L. Comparing neural network and autoregressive moving average techniques for the provision of continuous river flow forecasts in two contrasting catchments [J]. Hydrological Processes, 2000 (14): 2157 – 2172.

[51] Montanari A, Rosso R, Taqqu MS. A seasonal fractional ARIMA model applied to the Nile River monthly at Aswan [J]. Water Resources Research, 2000 (36): 1249 – 1259.

[52] Ooms M, Franses PH. A seasonal periodic long memory model for monthly river flows [J]. Environmental Modelling & Software, 2001 (16): 559 – 569.

[53] Awadallahl AG, Rousselle J. Improving forecasts of Nile flood using SST inputs in TFN model [J]. Journal of Hydrologic Engineering, 2000, 5 (4): 371 – 379.

[54] Kuo IT, Sun YH. An intervention model for average 10 day streamflow forecast and synthesis [J]. Journal of Hydrology, 1993, 151 (1): 35 – 56.

[55] Astatkie T, Watts DG, Watt WE. Nested threshold autoregressive (NeTAR) models [J]. International Journal of Forecasting, 1997, 13 (1): 105 – 116.

[56] Maier HR, Dandy GC. Neural networks for the prediction and forecasting of water resources variables: a review of modellinig issues and applications [J]. Environmental Modelling and Software, 2000 (15): 101 – 124.

[57] Dawson CW, Wilby RL. Hydrological modeling using artificial neural networks [J]. Progress in Physical Geography, 2001, 25 (1): 80 – 108.

[58] Raman H, Sunilkumar N. Multivariate modeling of water resources time series using artificial neural network [J]. Hydrological Science Journal, 1995, 40 (2): 145 – 163.

[59] Dibike YB, Solomatine DP. River flow forecasting using artificial neural networks [J]. Journal of Physics and Chemistry of the Earth, Part B: Hydrology, Oceans and Atmosphere, 2001, 26 (1): 1 – 8.

[60] Tokar AS, Markus M. Precipitation-runoff modeling using artificial neural network and conceptual models [J]. Journal of Hydrologic Engineering, 2000, 5 (2): 156 – 161.

[61] Birikundavyi S, Labib R, Trung HT, Rousselle J. Performance of neural networks in daily streamflow forecasting [J]. Journal of Hydrologic Engineering, 2002, 7 (5): 392 – 398.

[62] Markus M. Application of neural networks in streamflow forecasting [D]. Ph. D dissertation, Department of Civil Engineering, Colorado State University, Fort Collins, Colorado.

[63] Jain SK, Das A, Srivastava DK. Application of ANN for reservoir inflow prediction and operation [J]. Journal of Water Resources Planning and Management, 1999, 125 (5): 263 – 271.

[64] Sajikumar N, Thandaveswara BS. A nonlinear rainfall runoff model using an artificial neural network [J]. Journal of Hydrology, 1999 (216): 32 – 55.

[65] Tawfik M. Linearity versus non-linearity in forecasting Nile River flows [J]. Advances in Engineering Software, 2003 (34): 515 – 524.

[66] Kisi O. River flow modeling using artificial neural networks [J]. Journal of Hydrologic Engineering, 2004, 9 (1): 60 – 63.

[67] Fernando DAK, Jayawardena AW. Runoff forecasting using RBF networks with OLS algorithm [J]. Journal of Hydrologic Engineering, 1998, 3 (3): 203 – 209.

[68] Dawson CW, Harpham C, Wilby RL, Chen Y. Evaluation of artificial neural network techniques for flow forecasting in the river Yangtze, China [J]. Hydrology and Earth System Sciences, 2002, 6 (4): 619 – 626.

[69] Chang FJ, Chen YC. A counterpropagation fuzzy-neural network modeling approach to real time streamflow prediction [J]. Journal of Hydrology, 2001 (245): 153 – 164.

[70] Ballini R, Soares S, Andrade MG. Multi-step-ahead monthly streamflow forecasting by a neurofuzzy network model [C]. Proceedings of the Joint 9th IFSA World Congress and 20th NAFIPS International Conference, Vol. 2, Vancouver, Canada, 2001: 992 – 997.

[71] Moradkhani H, Hsu KL, Gupta HV, Sorooshian S. Improved stream flow forecasting using self-organizing radial basis function artificial neural networks [J]. Journal of Hydrology, 2004 (295): 246 – 262.

[72] Hu TS, Lam KC, Ng ST. River flow time series prediction with a range-dependent neural network [J]. Hydrological Science Journal, 2001, 46 (5): 729 – 745.

[73] Cigizoglu HK. Incorporation of ARMA models into flow forecasting by artificial neural networks [J]. ENVIRONMETRICS, 2003, 14 (4): 417 – 427.

[74] Imrie CE, Durucan S, Korre A. River flow prediction using artificial neural networks: generalization beyond the calibration range [J]. Journal of Hydrology, 2000 (233): 138 – 153.

[75] Han D, Cluckie ID, Karbassioun D, Lawry JB. Krauskopf. River flow modeling using fuzzy decision trees [J]. Water Resources Management, 2002 (16): 431 – 445.

[76] Nayak PC, Sudheerb KP, Ranganc DM, Ramasastri KS. A neuro-fuzzy computing technique for modeling hydrological time series [J]. Journal of Hydrology, 2004, 291 (1 – 2): 52 – 66.

[77] Liu Q, Islam S, Rodriguez-Iturbe I, Le Y. Phase-space analysis of daily streamflow: characterization and prediction [J]. Advances in Water Resources, 1998 (21): 463 – 475.

[78] Sivakumar B, Berndtsson R, Persson M. Monthly runoff prediction using phase space reconstruction [J]. Hydrological Science Journal, 2001, 46 (3): 377 – 387.

[79] Bordignon S, Lisi F. Nonlinear analysis and prediction of river flow time series [J]. Environmetrics, 2000 (1): 463 – 477.

[80] Porporato A, Ridolfi L. Multivariate nonlinear prediction of river flows [J]. Journal of Hydrology, 2001 (248): 109 – 122.

[81] Shamseldin AY, O'Connor KM. A nearest neighbor linear perturbation model for river flow forecasting [J]. Journal of Hydrology, 1996 (179): 353 – 375.

[82] Novara C, Milanese M. Set membership prediction of nonlinear time series [C]. In: Proceedings of the 40th IEEE Conference on Decision and Control, Orlando, U. S.,

2001：2131 - 2136.

[83] Milanese M，Novara C. Nonlinear set membership prediction of river flow ［J］. Systems & Control Letters，2004（53）：31 - 39.

[84] Uvo CB，Graham NE. Seasonal runoff forecast for northern South America：A statistical model ［J］. Water Resources Research，1998，34（12）：3515 - 3524.

[85] 柴晓玲，郭生练，彭定志，张洪刚. IHACRES 模型在无资料地区径流模拟中的应用研究 ［J］. 水文，2006，26（2）：30 - 33.

[86] Schreider SY，Jakeman AJ，Gallant J，Merritt WS. Prediction of monthly discharge in ungauged catchments under agricultural land use in the Upper Ping basin，northern Thailand ［J］. Mathematics and Computers in simulation，2002（59）：19 - 33.

[87] Jain A，Indurthy SKVP. Comparative analysis of event-based rainfall-runoff modeling techniques - deterministic，statistical and artificial neural networks ［J］. Journal of Hydrologic Engineering，2003，8（2）：93 - 98.

[88] Chiang Y，Chang L，Chang F. Comparison of static-feedforward and dynamic feedback neural networks for rainfall-runoff modeling ［J］. Journal of Hydrology，2004（290）：297 - 311.

[89] Tayfur G，Singh VP. ANN and fuzzy logic models for simulating event-based rainfall-runoff ［J］. Journal of Hydraulic Engineering，2006，132（12）：1321 - 1330.

[90] Lee KT，Hung WC，Meng CC. Deterministic insight into ANN model performance for storm runoff simulation ［J］. Water Resources Management，2008（22）：67 - 82.

[91] Chua HCL，Wong TSW，Sriramula LK. Comparison between kinematic wave and artificial neural network models in event-based runoff simulation for an overland plane ［J］. Journal of Hydrology，2008（357）：337 - 348.

[92] 阚光远，刘志雨，李致家，等. 新安江产流模型与改进的 BP 汇流模型耦合应用 ［J］. 水科学进展，2012，23（1）：21 - 28.

[93] 阚光远，李致家，刘志雨，等. 概念性水文模型与神经网络模型的耦合应用研究 ［J］. 水力发电学报，2013，32（2）：9 - 21.

[94] 阚光远，李致家，刘志雨，等. 改进的神经网络模型在水文模拟中的应用 ［C］//中国水文科技新发展——中国水文学术讨论会论文集，南京，2012：175 - 186.

[95] Minns AW，Hall MJ. Artificial neural networks as rainfall-runoff models ［J］. Hydrological Science Journal，1996，41（3）：399 - 417.

[96] Shamseldin AY. Application of a neural network technique to rainfall-runoff modeling ［J］. Journal of Hydrology，1997，199（3 - 4）：272 - 294.

[97] Tokar AS，Johnson PA. Rainfall-runoff modeling using artificial neural networks ［J］. Journal of Hydrologic Engineering，1999，4（3）：232 - 239.

[98] Tokar AS，Markus M. Rainfall-runoff modeling using artificial neural networks and conceptual models ［J］. Journal of Hydrologic Engineering，2000，5（2）：156 - 161.

[99] Jain A，Srinivasulu S. Development of effective and efficient rainfall-runoff modeling using integration of deterministic，real-coded genetic algorithms and artificial neural network techniques ［J］. Water Resources Research，2004（40）：W04302.

[100] Riad S, Mania J, Bouchaou L, Najjar Y. Predicting catchment flow in a semi-arid region via an artificial neural network technique [J]. Hydrological Processes, 2004a (18): 2389 – 2394.

[101] Riad S, Mania J, Bouchaou L, Najjar Y. Rainfall-runoff modeling using an artificial neural network [J]. Mathematical and Computer Modeling, 2004b (40): 839 – 846.

[102] Jain A, Srinivasulu S. Integrated approach to model decomposed flow hydrograph using artificial neural network and conceptual techniques [J]. Journal of Hydrology, 2006 (317): 291 – 306.

[103] Kumar ARS, Sudheer KP, Jain SK, Agarwal PK. Rainfall-runoff modeling using artificial neural networks: comparison of network types [J]. Hydrological Processes, 2005 (19): 1277 – 1291.

[104] Antar MA, Elassiouti I, Allam MN. Rainfall-runoff modeling using artificial neural networks technique: a Blue Nile catchment case study [J]. Hydrological Processes, 2006 (20): 1201 – 1216.

[105] Filho AJP, dos Santos CC. Modeling a densely urbanized watershed with an artificial neural network, weather radar and telemetric data [J]. Journal of Hydrology, 2006 (317): 31 – 48.

[106] Mutlu E, Chaubey I, Hexmoor H, Bajwa SG. Comparison of artificial neural network models for hydrologic predictions at multiple gauging stations in an agricultural watershed [J]. Hydrological Processes, 2008 (22): 5097 – 5106.

[107] Ju Q, Yu Z, Hao Z, Ou G, Zhao J, Liu D. Division-based rainfall-runoff simulations with BP neural networks and Xinanjiang model [J]. Neurocomputing, 2009 (72): 2873 – 2883.

[108] Piotrowski AP, Napiorkowski JJ. A comparison of methods to avoid overfitting in neural networks training in the case of catchment runoff modeling [J]. Journal of Hydrology, 2013 (476): 97 – 111.

[109] Rajurkar MP, Kothyari UC, Chaube UC. Modeling of daily rainfall-runoff relationship with artificial neural network [J]. Journal of Hydrology, 2004 (285): 96 – 113.

[110] Zhang B, Govindaraju RS. Prediction of watershed runoff using Bayesian concepts and modular neural networks [J]. Water Resources Research, 2000, 36 (3): 753 – 762.

[111] Kingston GB, Maier HR, Lambert MF. Calibration and validation of neural networks to ensure physically plausible hydrological modeling [J]. Journal of Hydrology, 2005 (314): 159 – 176.

[112] Abrahart RJ, See LM. Neural network emulation of a rainfall-runoff model [J]. Hydrology and Earth System Sciences, 2007 (4): 288 – 326.

[113] Chua LHC, Wong TSW. Improving event-based rainfall-runoff modeling using a combined artificial neural network-kinematic wave approach [J]. Journal of Hydrology, 2010 (390): 92 – 107.

[114] Campolo M, Andreussi P, Soldati A. River flood forecasting with a neural network model [J]. Water Resources Research, 1999, 35 (4): 1191 – 1197.

[115]　Maier HR, Dandy GC. Application of neural networks to forecasting of surface water quality variables: issues, applications and challenges [J]. Environmental Modelling and Software, 2000, 15: 348.

[116]　May RJ, Dandy GC, Maier HR, Fernando TMKG. Critical values of a kernel-density based mutual information estimator [C]. In: IEEE International Joint Conference on Neural Networks, Vancouver, 2006.

[117]　Maier HR, Dandy GC. Neural networks for the prediction and forecasting of water resources variables: a review of modelling issues and applications [J]. Environmental Modelling & Software, 2000, 15 (1): 101 - 124.

[118]　May RJ, Maier HR, Dandy GC, Fernando T. Non-lincar variable selection for artificial neural networks using partial mutual information [J]. Environmental Modelling & Software, 2008a, 23 (10, 11): 1312 - 1326.

[119]　May RJ, Dandy GC, Maier HR, Nixon JB. Application of partial mutual information variable selection to ANN forecasting of water quality in water distribution systems [J]. Environmental Modelling & Software, 2008b, 23 (10, 11): 1289 - 1299.

[120]　Maier HR, Jain A, Dandy GC, Sudheer KP. Methods used for the development of neural networks for the prediction of water resource variables in river systems: Current status and future directions [J]. Environmental Modelling & Software, 2010, 25: 891 - 909.

[121]　Maier HR. Application of natural computing methods to water resources and environmental modelling [J]. Mathematical and Computer Modelling, 2006, 44 (5 - 6): 413 - 414.

[122]　Sharma A. Seasonal to interannual rainfall probabilistic forecasts for improved water supply management: part 1-a strategy for system predictor identification [J]. Journal of Hydrology, 2000, 239: 232 - 239.

[123]　Bowden GJ, Dandy GC, Maier HR. Input determination for neural network models in water resources applications. Part 1-background and methodology [J]. Journal of Hydrology, 2005, 301 (1 - 4): 75 - 92.

[124]　Darbellay GA. An estimator of the mutual information based on a criterion for independence [J]. Computational Statistics & Data Analysis, 1999, 32: 1 - 17.

[125]　Soofi ES, Retzer JJ. Information importance of explanatory variables [C]. In: IEE Conference in Honor of Arnold Zellner: Recent Developments in the Theory, Method and Application of Entropy Econometrics, Washington, 2003.

[126]　Huang D, Chow TWS. Effective feature selection scheme using mutual information [J]. Neurocomputing, 2005, 63: 325 - 343.

[127]　Harrold TI, Sharma A, Sheather S. Selection of a kernel bandwidth for measuring dependence of hydrologic time series using the mutual information criterion [J]. Stochastic Environmental Research and Risk Assessment, 2001, 15: 310 - 324.

[128]　Sollich P, Krogh A. Learning with ensembles: how over-fitting can be useful [M]. In: Touretzky DS, Mozer MC, Hasselmo ME (Eds.), Advances in Neural Information Pro-

cessing Systems 8, Denver, CO. MIT press, Cambridge, MA, 1996: 190 – 196.

[129] Giacinto G, Roli F. Design of effective neural network ensembles for image classification purposes [J]. Image Vision Computation, 2001, 19: 699 – 707.

[130] Hayashi Y, Setiono R. Combining neural network predictions for medical diagnosis [J]. Computation in Biology and Medicine, 2002, 32: 237 – 246.

[131] Cannon AJ, Whitfield PH. Downscaling recent streamflow conditions in British Columbia, Canada using ensemble neural network modes [J]. Hydrology, 2002, 259: 136 – 151.

[132] Reich Y, Barai SV. A methodology for building neural networks models from empirical engineering data [J]. Engineering Applications of Artificial Intelligence, 2000, 13: 685 – 694.

[133] Sharkey A (Ed.). Combining Artificial Neural Nets: Ensemble and Modular Multi-Net Systems [M]. Springer, London, 1999.

[134] Breiman L. Bagging predictors [J]. Machine Learning, 1996, 24 (2): 123 – 140.

[135] Freund Y, Schapire RE. A decision-theoretic generalization of on-line learning and an application to boosting [C]. In: Proceedings of the EuroCOLT-94, Barcelona, Spain. Springer, Berlin, 1995: 23 – 37.

[136] Freund Y, Schapire R. Experiments with a new boosting algorithm [C]. In: Proceedings of the Thirteenth International Conference on Machine Learning, Morgan Kaufmann, 1996: 149 – 156.

[137] Opitz DW, Shavlik JW. Actively searching for an effective neural network ensemble [J]. Connectivity Science, 1996, 8 (3 – 4): 337 – 353.

[138] Granitto PM, Verdes PF, Navone HD, Ceccatto HA. A late-stopping method for optimal aggregation of neural networks [J]. International Journal of Neural Systems, 2001, 11 (3): 305 – 310.

[139] Carney JG, Cunningham P. The NeuralBAG algorithm: optimizing generalization performance in bagged neural networks [C]. In: Proceedings of the Seventh European Symposium on Artificial Neural Networks, 1999: 35 – 40.

[140] Naftaly U, Intrator N, Horn D. Optima ensemble averaging of neural networks [J]. Network: Computation in Neural Systems, 1997, 8: 283 – 296.

[141] Zhao ZY. Steel column under fire-a neural network based strength model [J]. Advances in Engineering Software, 2006, 37 (2): 97 – 105.

[142] Rosen BE. Ensemble learning using decorrelated neural networks [J]. Connectivity Science, 1996, 8 (3 – 4): 373 – 383.

[143] Liu Y, Yao X, Higuchi T. Evolutionary ensembles with negative correlation learning [J]. IEEE Transactions on Evolution and Computation, 2000, 4: 380 – 387.

[144] Islam MMd, Yao X, Murase K. A constructive algorithm for training cooperative neural network ensembles [J]. IEEE Transactions on Neural Networks, 2003, 14 (4): 820 – 834.

[145] Lagaros ND, Charmpis DC, Papadrakakis M. An adaptive neural network strategy for improving the computational performance of evolutionary structural optimization

[J]. Computational Methods in Applied Mechanics and Engineering, 2005, 194: 3374 - 3393.

[146] Zhao Z, Zhang Y, Liao H. Design of ensemble neural network using the Akaike information criterion [J]. Engineering Applications of Artificial Intelligence, 2008, 21: 1182 - 1188.

[147] Shamseldin AY, O'Connor KO. A nearest neighbour linear perturbation model for river flow forecasting [J]. Journal of Hydrology, 1996, 179: 352 - 375.

[148] Carcano EC, Bartolini P, Muselli M, Piroddi L. Jordan recurrent neural network versus IHACRES in modelling daily streamflows [J]. Journal of Hydrology, 2008, 362: 291 - 307.

[149] Ye W, Bates BC, Viney NR, Sivapalan M, Jakeman AJ. Performance of conceptual rainfall-runoff models in low-yielding ephemeral catchments [J]. Water Resources Research, 1997, 33: 153 - 166.

[150] Kokkonen TS, Jakeman AJ. A comparison of metric and conceptual approaches in rainfall-runoff modeling and its implications [J]. Water Resources Research, 2001, 37 (9): 2345 - 2352.

[151] Evans JP, Jakeman AJ. Development of a simple, catchment-scale, rainfall-evapotranspiration-runoff model [J]. Environmental Modelling and Software, 1998, 13: 385 - 393.

[152] Croke BFW, Jakeman AJ. A Catchment Moistrue Deficit module for the IHACRES rainfall-runoff model [J]. Environmental Modelling and Software, 2004, 19: 1 - 5.

[153] Young P. Top-down and data-based mechanistic modeling of rainfall-flow dynamics at the catchment scale [J]. Hydrological Processes, 2003, 17 (11): 2195 - 2217.

[154] Young PC. The refined instrumental variable method [J]. Journal Europeen des Systemes Automatises, 2008, 42 (2 - 3): 149 - 179.

[155] 张建云. 中国水文预报技术发展的回顾与思考 [J]. 水科学进展, 2010, 21 (4): 435 - 443.

[156] Liu J, Chen X, Zhang J. Coupling the Xinanjiang model to a kinematic flow model based on digital drainage networks for flood forecasting [J]. Hydrological Processes, 2009, 23 (9): 1337 - 1348.

[157] Peng DZ, Xu Z. Simulating the impact of climate change on streamflow in the Tarim river basin by using a modified semidistributed monthly water balance model [J]. Hydrological Processes, 2010, 24 (2): 209 - 216.

[158] Lin CA, Wen L, Lu G. Real-time forecast of the 2005 and 2007 summer severe floods in the Huaihe River Basin of China [J]. Journal of Hydrology, 2010, 381 (1 - 2): 33 - 41.

[159] 张东辉, 张金存, 刘方贵. 关于水文学中非线性效应的探讨 [J]. 水科学进展, 2007, 18 (5): 776 - 784.

[160] 齐义泉, 张志旭, 李志伟. 人工神经网络在海浪数值预报中的应用 [J]. 水科学进展, 2005, 16 (1): 32 - 35.

[161] Hu TS, Lam KC, Ng ST. A modified neural network for improving river flow pre-

diction [J]. Hydrological Sciences Journal-Journal des Science Hydrologiques，2005，50（2）：299－318.

[162] Pan T，Wang R，Lai J. A deterministic linearized recurrent neural network for recognizing the transition of rainfall-runoff processes [J]. Advances in Water Resources，2007，30：1797－1814.

[163] 张庆国，张宏伟，张君玉. 一种基于 k 最近邻的快速文本分类方法 [J]. 中国科学院研究生院学报，2005，22（5）：554.

[164] 赵人俊. 流域水文模拟：新安江模型与陕北模型 [M]. 北京：水利电力出版社，1984：107.

[165] Duan Q，Sorooshian S，Gupta VK. Effective and efficient global optimization for conceptual rainfall-runoff models [J]. Water Resources Research，1992，28（4）：1015－1031.

[166] Duan Q，Gupta VK，Sorooshian S. A shuffled complex evolution approach for effective and efficient optimization [J]. Journal of Optimization Theory and Application，1993，76（3）：501－521.

[167] Deb K. Multi-Objective Optimization Using Evolutionary Algorithms [M]. Chichester：Hohn Wiley & Sons，2001.

[168] 公茂果，焦李成，杨咚咚，等. 进化多目标优化算法研究 [J]. Journal of Software，2009，20（2）：271－289.

[169] Zitzler E，Thiele L. Multi-objective evolutionary algorithms：A comparative case study and the strength Pareto approach [J]. IEEE Transactions on Evolutionary Computation，1999，3（4）：257－271.

[170] Zitzler E，Laumanns M，Thiele L. SPEA2：Improving the strength Pareto evolutionary algorithm [M]. In：Giannakoglou K，Tsahalis DT，Périaux J，Papailiou KD，Fogarty T，eds. Evolutionary Methods for Design，Optimization and Control with Applications to Industrial Problems. Berlin：Springer-Verlag，2002：95－100.

[171] Knowles JD，Corne DW. Approximating the non-dominated front using the Pareto archived evolution strategy [J]. Evolutionary Computation，2000，8（2）：149－172.

[172] Corne DW，Knowles JD，Oates MJ. The Pareto-envelop based selection algorithm for multi-objective optimization [M]. In：Schoenauer M，Deb K，Rudolph G，Yao X，Lutton E，Merelo JJ，Schwefel HP，eds. Parallel Problem Solving from Nature，PPSN VI. LNCS，Berlin：Springer-Verlag，2000：869－878.

[173] Corne DW，Jerram NR，Knowles JD，Oates MJ. PESA-Ⅱ：Region-Based selection in evolutionary multi-objective optimization [C]. In：Spector L，Goodman ED，Wu A，Langdon WB，Voigt HM，Gen M，eds. Proceedings of the Genetic and Evolutionary Computation Conference，GECCO 2001. San Francisco：Morgan Kaufmann Publishers，2001：283－290.

[174] Erickson M，Mayer A，Horn J. The niched Pareto genetic algorithm 2 applied to the design of groundwater remediation system [C]. In：Zitzler E，Deb K，Thiele L，Coello Coello CA，Corne D，eds. Proceedings of the 1st International Conference on

Evolutionary Multi-Criterion Optimization, EMO 2001. Berlin: Springer-Verlag, 2001: 681-695.

[175] Coello Coello CA, Pulido GT. A micro-genetic algorithm for multiobjective optimization [C]. In: Spector L, Goodman ED, Wu A, Langdon WB, Voigt HM, Gen M, eds. Proceedings of the Genetic and Evolutionary Computation Conference, GECCO 2001. San Francisco: Morgan Kaufmann Publishers, 2001: 274-282.

[176] Deb K, Pratap A, Agarwal S, Meyarivan T. A fast and elitist multi-objective genetic algorithm: NSGA-II [J]. IEEE Transactions on Evolutionary Computation, 2002, 6 (2): 182-197.

[177] Laumanns M, Thiele L, Deb K, Zitzler E. Combining convergence and diversity in evolutionary multi-objective optimization [J]. Evolutionary Computation, 2002, 10 (3): 263-282.

[178] Brockoff D, Zitzler E. Are all objective necessary on dimensionality reduction in evolutionary multi-objective optimization [M]. In: Runarsson TP, Beyer HG, Burke E, Merelo-Guervós JJ, Whitley LD, Yao X, eds. Parallel Problem Solving from Nature, PPSN IX. LNCS, Berlin: Springer-Verlag, 2006: 533-542.

[179] Hernández-Díaz AG, Santana-Quintero LV, Coello Coello CA, Molina J. Pareto-Adaptiveε-dominance [J]. Evolutionary Computation, 2007, 15 (4): 493-517.

[180] Deb K, Saxena DK. On finding Pareto-optimal solutions through dimensionality reduction for certain large-dimensional multi-objective optimization problems [J]. Technical Report, 2005011, Kalyanmoy Deb and Dhish Kumar Saxena, Indian Institute of Technology Kanpur, 2005.

[181] Saxena DK, Deb K. Non-Linear dimensionality reduction procedure for certain large-dimensional multi-objective optimization problems: Employing correntropy and a novel maximum variance unfolding [C]. In: Coello Coello CA, Aguirre AH, Zitzler E, eds. Proceedings of the 4th International Conference on Evolutionary Multi-Criterion Optimization, EMO 2007. Berlin: Springer-Verlag, 2007: 772-787.

[182] Coello Coello CA, Pulido GT, Lechuga MS. Handing multiple objectives with particle swarm optimization [J]. IEEE Transactions on Evolutionary Computations, 2004, 8 (3): 256-279.

[183] Gong MG, Jiao LC, Du HF, Bo LF. Multiobjective immune algorithm with non-dominated neighbor-based selection [J]. Evolutionary Computation, 2008, 16 (2): 225-255.

[184] Zhou AM, Zhang QF, Jin Y, Sendhoff B, Tsang E. Global multi-objective optimization via estimation of distribution algorithm with biased initialization and crossover [C]. In: Thierens D, Beyer HG, Bongard J, Branke J, Clark JA, Cliff D, Congdon CB, Deb K, eds. Proceedings of the Genetic and Evolutionary Computation Conference, GECCO 2007. New York: ACM Press, 2007: 617-622.

[185] Zhang QF, Zhou AM, Jin Y. RM-MEDA: A regularity model based multiobjective estimation of distribution algorithm [J]. IEEE Transactions on Evolutionary Compu-

129

tation，2007，12（1）：41－63.

[186] Zhang QF，Li H. MOEA/D：A multiobjective evolutionary algorithm based on de-composition [J]. IEEE Transactions on Evolutionary Computation，2007，11（6）：712－731.

[187] Deb K. Multi-objective optimization using evolutionary algorithms [M]. Wiley，Chichester，2001.

[188] Loghmanian SMR，Ahmad HJR，Khalid RYM. Structure optimization of neural network for dynamic system modeling using multi-objective genetic algorithm [J]. Neural Computing & Application，2012，21：1281－1295.

[189] Wilamowski BM，Chen Y，Malinowski A. Efficient algorithm for training neural networks with one hidden layer # 295 Session：5.1 [C]. In：1999 International Joint Conference on Neural Networks（IJCNN'99），Washington DC，July 10－16，1999：1725－1728.

[190] Wilamowski BM. Neural networks and fuzzy systems，Chaps. 32 [M]. In：Mechatronics Handbook，ed. Bishop RR，CRC Press，Boca Raton，FL，2002：33－1－32－26.

[191] Wilamowski B，Hunter D，Malinowski A. Solving parity-n problems with feedforward neural network [C]. In：Proceedings of the IJCNN'03 International Joint Conference on Neural Networks，Portland，OR，July 20－23，2003：2546－2551.

[192] Yu H，Wilamowski BM. C＋＋ implementation of neural networks trainer [C]. In：13th International Conference on Intelligent Engineering Systems（INES-09），Barbodos，April 16－18，2009.

[193] Wilamowski BM. Neural network architechtures and learning algorithms [J]. IEEE Industrial Electronics Magazine，2009，3（4）：56－63.

[194] Bowden GJ，Dandy GC，Maier HR. Input determination for neural network models in water resources applications. Part 1-background and methodology [J]. Journal of Hydrology，2005a，301：75－92.

[195] Bowden GJ，Maier HR，Dandy GC. Input determination for neural network models in water resources applications. Part 2-Case study：forecasting salinity in a river [J]. Journal of Hydrology，2005b，301（1－4）：93－107.

[196] Burnham KP，Anderson DR. Model Selection and Multimodel Inference：A Practical Information-Theoretic Approach，seconded [M]. Springer，New York，2002.

[197] 林三益. 水文预报 [M]. 北京：中国水利水电出版社，2001：141－145.

[198] Krause P，Boyle DP，Bäse F. Comparison of different efficiency criteria for hydrological model assessment [J]. Advances in Geoscience，2005，5：89－97.

[199] Dawson CW，See LM，Abrahart RJ，Heppenstall AJ. Symbiotic adaptive neuron-evolution applied to rainfall-runoff modelling in northern England [J]. Neural Networks，2006，19（2）：236－247.

责任编辑　王启

微信号：Waterpub-Pro

唯一官方微信服务平台

销售分类：水利水电

ISBN 978-7-5226-1951-4

9 787522 619514 >

定价: 68.00 元